CONTENTS

ACKNOWLEDGMENTS

The assistance with verification of the various translations provided by Sendi Slavinskaya and Vitaliy Saykin is greatly appreciated and gratefully acknowledged.

CHAPTER 1

INTRODUCTION

It is axiomatic that foreign students in any country in the world, and students who may be native to a country, but whose heritage may be from a different country, will often have difficulty understanding technical terms that are heard in the nonprimary language. When English is the second language, students often are excellent communicators in English, but lack the experience of hearing the technical terms and phrases of Environmental Engineering, and therefore have difficulty keeping up with lectures and reading in English.

Similarly, when a student with English as their first language enters another country to study, the classes are often in the second language relative to the student. These English-speaking students will have the same difficulty in the second language as those students from the foreign background have with English terms and phrases.

This book is designed to provide a mechanism for the student who uses English as a second language, but who is technically competent in the Russian language, and for the student who uses English as their first language and Russian as their second language, to be able to understand the technical terms and phrases of Environmental Engineering in either language quickly and efficiently.

CHAPTER 2

How to Use This Book

This book is divided into two parts. Each part provides the same list of approximately 300 technical terms and phrases common to Environmental Engineering. In the first section the terms and phrases are listed alphabetically, in English, in the first (left-most) column. The definition of each term or phrase is then provided, in English, in the second column. The Third column provides a Russian translation or interpretation of the English term or phrase (where direct translation is not reasonable or possible). The fourth column provides the Russian definition or translation of the term or phrase.

The second part of the book reverses the four columns so that the same technical terms and phrases from the first part are alphabetized in Russian in the first column, with the Russian definition or interpretation in the second column. The third column then provides the English term or phrase and the fourth column provides the English definition of the term or phrase.

Any technical term or phrase listed can be found alphabetically by the English spelling in the first part or by the Russian spelling in the second part. The term or phrase is thus looked up in either section for a full definition of the term, and the spelling of the term in both languages.

CHAPTER 3

ENGLISH TO RUSSIAN

English	English	Русский	Русский
AAS	Atomic Absorption Spectrophotometer; an instrument to test for specific metals in soils and liquids.	ААС	Атомно-Абсорбционный Спектрофотометр; инструмент для тестирования почв и жидкостей на наличие определенных металлов.
Activated Sludge	A process for treating sewage and industrial wastewaters using air and a biological floc composed of bacteria and protozoa.	Активный ил	Способ обработки бытовых или промышленных сточных вод с использованием воздуха и биологических хлопьев, состоящих из бактерий и простейших организмов.
Adiabatic	Relating to or denoting a process or condition in which heat does not enter or leave the system concerned during a period of study.	Адиабати-ческий (Адиабатный)	Обозначает процесс или состояние, при котором система не поглощает и не отдает тепло в течение периода исследования.
Adiabatic Process	A thermodynamic process that occurs without transfer of heat or matter between a system and its surroundings.	Адиабати-ческий (Адиабатный) процесс	Термодинамиче-ский процесс, который происходит без обмена тепла или материи между системой и окружающей средой.

English	English	Русский	Русский
Aerobe	A type of organism that requires Oxygen to propagate.	Аэроб	Тип организма, которому необходим кислород для размножения.
Aerobic	Relating to, involving, or requiring free oxygen.	Аэробный	Связанный с кислородом; содержащий кислород; нуждающийся в кислороде.
Aerodynamic	Having a shape that reduces the drag from air, water or any other fluid moving past.	Аэродинамический	Имеющий форму, которая уменьшает силу сопротивления воздуха, воды или любой другой жидкости в которой происходит движение.
Aerophyte	An Epiphyte	Аэрофит	Эпифит
Aesthetics	The study of beauty and taste, and the interpretation of works of art and art movements.	Эстетика	Наука о красоте и вкусах, а также об интерпретациях произведений искусства и художественных течений.
Agglomeration	The coming together of dissolved particles in water or wastewater into suspended particles large enough to be flocculated into settleable solids.	Агломерация	Соединение частиц, растворенных в воде или сточных водах, во взвешенные частицы, достаточно большие для флокуляции в виде оседающих твёрдых веществ.
Air Plant	An Epiphyte	Воздушное растение	Эпифит
Allotrope	A chemical element that can exist in two or more different forms, in the same physical state, but with different structural modifications.	Аллотроп	Химический элемент, который может существовать в двух и более различных формах, в одинаковом физическом состоянии, но с различными структурными изменениями.

English	English	Русский	Русский
AMO (Atlantic Multidecadal Oscillation)	An ocean current that is thought to affect the sea surface temperature of the North Atlantic Ocean based on different modes and on different multidecadal timescales.	AMO (Атлантическая Мультидекадная Осцилляция)	Океаническое течение, которое, предположительно, влияет на температуру поверхности воды в северной части Атлантического океана и основывается на различных методах и на разных мультидекадных временных шкалах.
Amount Concentration	Molarity	Концентрация вещества	Молярность
Amphoterism	When a molecule or ion can react both as an acid and as a base.	Амфотерность	Когда молекула или ион может реагировать как в качестве кислоты, так и в качестве основания.
Anaerobe	A type of organism that does not require Oxygen to propagate, but can use nitrogen, sulfates, and other compounds for that purpose.	Анаэроб	Тип организмов, которые не требуют кислорода для развития и размножения, при этом могут использовать азот, сульфаты и другие соединения для этих целей.
Anaerobic	Related to organisms that do not require free oxygen for respiration or life. These organisms typically utilize nitrogen, iron, or some other metals for metabolism and growth.	Анаэробный	Относящийся к организмам, которые не требуют свободного кислорода для дыхания или жизни. Эти организмы, как правило, используют азот, железо или другие металлы для обмена веществ и роста.

English	English	Русский	Русский
Anaerobic Membrane Bioreactor	A high-rate anaerobic wastewater treatment process that uses a membrane barrier to perform the gas-liquid-solids separation and reactor biomass retention functions.	Анаэробный Мембранный Биореактор	Высокоэффективный процесс анаэробной очистки сточных вод, при котором мембраны используются в качестве барьера для разделения систем газ-жидкость-твердое вещество и выполняют функцию сбора биомассы.
Anion	A negatively charged ion.	Анион	Отрицательно заряженный ион.
AnMBR	Anaerobic Membrane Bioreactor	AnMBR	Анаэробный Мембранный Биореактор
Anthropogenic	Caused by human activity.	Антропогенный	Возникший в результате деятельности человека.
Anthropology	The study of human life and history.	Антропология	Наука о человеческой жизни и истории.
Anticline	A type of geologic fold that is an arch-like shape of layered rock which has its oldest layers at its core.	Антиклиналь	Тип геологической складки в форме арки, состоящей из слоистых горных пород, в которой более древние слои расположены ближе к ядру.
AO (Arctic Oscillations)	An index (which varies over time with no particular periodicity) of the dominant pattern of non-seasonal sea-level pressure variations north of 20N latitude, characterized by pressure anomalies of one sign in the Arctic with the opposite anomalies centered about 37–45N.	AO (Арктическая Осцилляция)	Индекс (который изменяется с течением времени без особой периодичности) доминирующей модели несезонных колебаний давления на уровне моря к северу от 20 с.ш., характеризующийся аномалиями давления одного знака в Арктике, и противоположными аномалиями, сосредоточенными около 37–45 с.ш.

English	English	Русский	Русский
Aquifer	A unit of rock or an unconsolidated soil deposit that can yield a usable quantity of water.	Водоносный горизонт	Участок горной породы или рыхлой почвы, который может приносить применимое количество воды.
Autotrophic Organism	A typically microscopic plant capable of synthesizing its own food from simple organic substances.	Автотрофные организмы	Микроскопические растения, способные синтезировать свою пищу из простых органических веществ.
Bacterium(a)	A unicellular microorganism that has cell walls, but lacks organelles and an organized nucleus, including some that can cause disease.	Бактерия(-ии)	Одноклеточные микроорганизмы, у которых имеются клеточные стенки, но отсутствуют органеллы и ядро, некоторые из них могут вызывать заболевания.
Benthic	An adjective describing sediments and soils beneath a water body where various "benthic" organisms live.	Бентический	Прилагательное, описывающее осадок и почвы на дне водоема, где живут различные "бентические" организмы.
Biochar	Charcoal used as a soil supplement.	Биоуголь	Древесный уголь, который используется в качестве удобрения для почвы.
Biofilm	Any group of microorganisms in which cells stick to each other on a surface, such as on the surface of the media in a trickling filter or the biological slime on a slow sand filter.	Биопленка	Любая группа микроорганизмов, в которых клетки слипаются друг с другом на поверхности, например на поверхности среды в капельном фильтре или биологической слизи на медленном песчаном фильтре.

English	English	Русский	Русский
Biofilter	See: Trickling Filter	Биофильтр	Капельный фильтр
Biofiltration	A pollution control technique using living material to capture and biologically degrade process pollutants.	Биофильтрация	Методика борьбы с загрязнениями используя живых организмов, заключается в том, чтобы захватить и биологически разложить вещества-загрязнители.
Bioflocculation	The clumping together of fine, dispersed organic particles by the action of specific bacteria and algae, often resulting in faster and more complete settling of organic solids in wastewater.	Биофлокуляция	Соединение вместе малых растворенных органических частиц под воздействием особых бактерий и водорослей, что часто приводит к более быстрому и более полному выпадению в осадок органических твердых веществ в сточных водах.
Biofuel	A fuel produced through current biological processes, such as anaerobic digestion of organic matter, rather than being produced by geological processes such as fossil fuels, such as coal and petroleum.	Биотопливо	Топливо, произведенное с помощью биологических процессов, например таких, как анаэробное разложение органических веществ, а не полученное в результате геологических процессов как ископаемые виды топлива, такие как уголь и нефть.
Biomass	Organic matter derived from living, or recently living, organisms.	Биомасса	Органическое вещество, полученное из живых или недавно живших организмов.

English	English	Русский	Русский
Bioreactor	A tank, vessel, pond or lagoon in which a biological process is being performed, usually associated with water or wastewater treatment or purification.	Биореактор	Бак, резервуар, пруд или лагуна, в которой происходят биологические процессы, обычно связанные с обработкой и очисткой воды или сточных вод.
Biorecro	A proprietary process that removes CO_2 from the atmosphere and store it permanently below ground.	Biorecro	Запатентованный процесс, при котором CO_2 удаляется из атмосферы и хранится под землей.
Black water	Sewage or other wastewater contaminated with human wastes.	Черная вода	Канализационные или другие сточные воды, загрязненные продуктами человеческой жизнедеятельности.
BOD	Biological Oxygen Demand; a measure of the strength of organic contaminants in water.	БПК	Биологическое Потребление Кислорода; уровень загрязненности воды органическими веществами.
Bog	A bog is a domed-shaped land form, higher than the surrounding landscape, and obtaining most of its water from rainfall.	Верховое болото	Верховое болото представляет собой куполообразную форму рельефа, выше чем окружающий ландшафт, и получает большую часть воды из атмосферных осадков.
Breakpoint Chlorination	A method for determining the minimum concentration of chlorine needed in a water supply to overcome chemical demands so that additional chlorine will be available for disinfection of the water.	Хлорирование до точки перелома	Способ определения минимальной концентрации хлора, необходимой в системе водоснабжения для преодоления химических потребностей таким образом, чтобы дополнительный хлор был доступен для дезинфекции воды.

English	English	Русский	Русский
Buffering	An aqueous solution consisting of a mixture of a weak acid and its conjugate base, or a weak base and its conjugate acid. The pH of the solution changes very little when a small or moderate amount of strong acid or base is added to it and thus it is used to prevent changes in the pH of a solution. Buffer solutions are used as a means of keeping pH at a nearly constant value in a wide variety of chemical applications.	Буфер (Буферизация)	Водный раствор, состоящий из смеси слабой кислоты и сопряженного с ней основания, или слабого основания и сопряженной кислоты. Значение pH этого раствора мало изменяется при добавлении небольшого или умеренного количества сильной кислоты или основания, и, таким образом, он используется для предотвращения изменения pH раствора. Буферные растворы широко используют в качестве средства для поддержания pH практически на постоянной величине в различных областях химической науки.
Cairn	A human-made pile (or stack) of stones typically used as trail markers in many parts of the world, in uplands, on moorland, on mountaintops, near waterways and on sea cliffs, as well as in barren deserts and tundra.	Каирн (тур, гурий)	Сложенная человеком куча (груда) камней, которая используется в качестве ориентировочного знака в разных частях мира, на возвышенностях, болотистой местности, вблизи водных путей и морских скал, а также в пустынях и тундре.

English	English	Русский	Русский
Capillarity	The tendency of a liquid in a capillary tube or absorbent material to rise or fall because of surface tension.	Капилляр-ность	Стремление уровня жидкости, находящейся в капиллярной трубке или абсорбирующем материале, расти или падать в результате поверхностного натяжения.
Carbon Nanotube	See: Nanotube	Углеродная нанотрубка	Смотри: Нанотрубка
Carbon Neutral	A condition in which the net amount of carbon dioxide or other carbon compounds emitted into the atmosphere or otherwise used during a process or action is balanced by actions taken, usually simultaneously, to reduce or offset those emissions or uses.	Нулевой уровень выбросов углерода	Состояние, при котором итоговое количество углекислого газа или других углеродных соединений, выбрасываемых в атмосферу или используемых в ходе каких-либо процессов, одновременно уравновешивается мерами, принимаемыми для того чтобы уменьшить или компенсировать эти выбросы.
Catalysis	The change, usually an increase, in the rate of a chemical reaction due to the participation of an additional substance, called a catalyst, which does not take part in the reaction but changes the rate of the reaction.	Катализ	Изменение, как правило в сторону увеличения, скорости химической реакции, в связи с присутствием дополнительного вещества, называющегося катализатором, которое не принимает участия в реакции, но изменяет скорость реакции.

English	English	Русский	Русский
Catalyst	A substance that cause Catalysis by changing the rate of a chemical reaction without being consumed during the reaction.	Катализатор	Вещество, которое вызывает катализ изменяя скорость химической реакции, при этом катализатор не расходуется во время реакции.
Cation	A positively charged ion.	Катион	Положительно заряженный ион
Cavitation	Cavitation is the formation of vapor cavities, or small bubbles, in a liquid as a consequence of forces acting upon the liquid. It usually occurs when a liquid is subjected to rapid changes of pressure, such as on the back side of a pump vane, that cause the formation of cavities where the pressure is relatively low.	Кавитация	Кавитация — это процесс образования пустот с паром и небольших пузырьков в жидкости, в результате сил, действующих на жидкость. Обычно кавитация возникает, когда жидкость подвергается резким изменениям давления, например на задней стороне лопасти насоса, что приводит к образованию полостей с низким давлением.
Centrifugal Force	A term in Newtonian mechanics used to refer to an inertial force directed away from the axis of rotation that appears to act on all objects when viewed in a rotating reference frame.	Центробежная сила	Термин в ньютоновской (классической) механике, используемый для обозначения силы инерции, направленной в сторону от оси вращения, и действующей на все объекты, если они рассматриваются во вращающейся системе отсчета.

English	English	Русский	Русский
Centripetal Force	A force that makes a body follow a curved path. Its direction is always at a right angle to the motion of the body and towards the instantaneous center of curvature of the path. Isaac Newton described it as "a force by which bodies are drawn or impelled, or in any way tend, towards a point as to a center."	Центростре-мительная сила	Сила, которая заставляет тело следовать изогнутой траектории. Она всегда действует под прямым углом по отношению к движению тела и направлена в сторону мгновен-ного центра кривизны траектории. Исаак Ньютон описал её как "сила, с которою тела к некоторой точке, как к центру, отовсюду притягиваются, гонятся или как бы то ни было стремятся".
Chelants	A chemical com-pound in the form of a heterocyclic ring, containing a metal ion attached by coordinate bonds to at least two non-metal ions.	Хеланты	Химические соединения в виде гетероциклических колец, содержащие ион металла, соединенный координацион-ными связями по меньшей мере с двумя неметаллическими ионами.
Chelate	A compound containing a ligand (typically organic) bonded to a central metal atom at two or more points.	Хелат	Химическое соединение содержащее лиганд (обычно органический), связанный с центральным атомом металла в двух или более местах.

English	English	Русский	Русский
Chelating Agents	Chelating agents are chemicals or chemical compounds that react with heavy metals, rearranging their chemical composition and improving their likelihood of bonding with other metals, nutrients, or substances. When this happens, the metal that remains is known as a "chelate".	Хелати-рующие агенты	Хелатирующие агенты представляют собой химические вещества или химические соединения, которые вступают в реакцию с тяжелыми металлами, перестраивают их химический состав и увеличивают вероятность их связи с другими металлами, питательными веществами или соединениями. Металл, оставшийся после того как это происходит, называется "хелат".
Chelation	A type of bonding of ions and molecules to metal ions that involves the formation or presence of two or more separate coordinate bonds between a polydentate (multiple bonded) ligand and a single central atom; usually an organic compound.	Хелатирование	Тип химической связи ионов и молекул с ионами металлов, который включает в себя образование или наличие двух и более отдельных координационных связей между полидентатным лигандом и одним центральным атомом; как правило, органическое соединение.
Chelators	A binding agent that suppresses chemical activity by forming chelates.	Хелаторы	Связующее вещество, которое подавляет химическую активность путем образования хелатов.

English	English	Русский	Русский
Chemical Oxidation	The loss of electrons by a molecule, atom or ion during a chemical reaction.	Химическое окисление	Потеря электронов молекулой, атомом или ионом, в процессе химической реакции.
Chemical Reduction	The gain of electrons by a molecule, atom or ion during a chemical reaction.	Химическое восстановление	Приобретение электронов молекулой, атомом или ионом, в процессе химической реакции.
Chlorination	The act of adding chlorine to water or other substances, typically for purposes of disinfection.	Хлорирование	Процесс добавления хлора в воду или другую субстанцию, как правило, для дезинфекции.
Choked Flow	Choked flow is that flow at which the flow cannot be increased by a change in Pressure from before a valve or restriction to after it. Flow below the restriction is called Subcritical Flow, flow above the restriction is called Critical Flow.	Запертый поток (Запирание потока), Кризис течения	Запертый поток - это такой поток, при котором расход не может быть увеличен путем изменения давления начиная от клапана или сужения, а также после него. Течение после ограничения называется докритическим, течение до ограничения называется критическим.
Chrysalis	The chrysalis is a hard casing surrounding the pupa as insects such as butterflies develop.	Кокон	Кокон представляет собой твердую оболочку, которая окружает куколку, когда насекомые, например бабочки, развиваются.
Cirque	An amphitheater-like valley formed on the side of a mountain by glacial erosion.	Цирк	Долина в форме амфитеатра, сформированная на склоне горы в результате эрозии ледника.

English	English	Русский	Русский
Cirrus Cloud	Cirrus clouds are thin, wispy clouds that usually form above 18,000 feet.	Перистые облака	Перистые облака представляют собой тонкие, редкие облака, которые обычно формируются на высоте более 18000 футов.
Coagulation	The coming together of dissolved solids into fine suspended particles during water or wastewater treatment.	Коагуляция	Объединение растворенных твердых веществ в небольшие взвешенные частицы, при очистке воды или сточных вод.
COD	Chemical Oxygen Demand; a measure of the strength of chemical contaminants in water.	ХПК	Химическое Потребление Кислорода; показатель содержания загрязняющих веществ в воде.
Coliform	A type of Indicator Organism used to determine the presence or absence of pathogenic organisms in water.	Колиформ	Тип индикаторного организма, который используется для определения наличия или отсутствия патогенных организмов в воде.
Concentration	The mass per unit of volume of one chemical, mineral or compound in another.	Концентрация	Масса на единицу объема одного химического вещества, минерала или соединения, в другом.
Conjugate Acid	A species formed by the reception of a proton by a base; in essence, a base with a hydrogen ion added to it.	Сопряжённая кислота	Разновидность, образованная при присоединении протона к основанию; по существу, основание с добавленным к нему ионом водорода.

English	English	Русский	Русский
Conjugate Base	A species formed by the removal of a proton from an acid; in essence, an acid minus a hydrogen ion.	Сопряжённое основание	Разновидность, образованная при отделении протона от кислоты; по существу, кислота без иона водорода.
Contaminant	A noun meaning a substance mixed with or incorporated into an otherwise pure substance; the term usually implies a negative impact from the contaminant on the quality or characteristics of the pure substance.	Загрязнитель	Существительное, которое обозначает вещество, смешанное или находящееся в составе чистой субстанции; данный термин подразумевает негативное воздействие загрязнителя на качество или характеристики чистой субстанции.
Contaminant Level	A misnomer incorrectly used to indicate the concentration of a contaminant.	"Уровень загрязнителя"	Неправильное употребление термина, которое ошибочно используется для обозначения концентрации загрязнителя.
Contaminate	A verb meaning to add a chemical or compound to an otherwise pure substance.	Загрязнять	Глагол, который означает добавление химического вещества или соединения в чистую субстанцию.
Continuity Equation	A mathematical expression of the Conservation of Mass theory; used in physics, hydraulics, etc., to calculate changes in state that conserve the overall mass of the system being studied.	Уравнение непрерывности	Математическое выражение закона о сохранении масс; используется в физике, гидравлике и т.п., для расчета изменений, в состоянии когда масса исследуемой системы неизменна.

English	English	Русский	Русский
Coordinate Bond	A covalent chemical bond between two atoms that is produced when one atom shares a pair of electrons with another atom lacking such a pair. Also called a coordinate covalent bond.	Координационная связь	Ковалентная химическая связь между двумя атомами, которая образуется, когда один атом делит пару электронов с другим атомом, не имеющим такой пары; также называется координационной ковалентной связью.
Cost-Effective	Producing good results for the money spent; economical or efficient.	Рентабельный, экономически выгодный	Приносящий хорошие результаты на сумму потраченных денег; экономичный или эффективный.
Critical Flow	Critical flow is the special case where the Froude number (dimensionless) is equal to 1; or the velocity divided by the square root of (gravitational constant multiplied by the depth) =1 (Compare to Supercritical Flow and Subcritical Flow).	Критическое состояние потока	Критическое состояние потока является частным случаем, когда число Фруда (безразмерная величина) равно 1; или скорость, разделенная на квадратный корень из (гравитационной постоянной, умноженной на глубину) = 1 (сравните со бурными и спокойными потоками).
Cumulonimbus Cloud	A dense, towering, vertical cloud associated with thunderstorms and atmospheric instability, formed from water vapor carried by powerful upward air currents.	Кучево-дождевое облако	Плотные, возвышающиеся, вертикальные облака, ассоциирующиеся с грозами и атмосферной неустойчивостью, образованные из водяных паров, перенесенных мощными восходящими воздушными потоками.

English	English	Русский	Русский
Cwm	A small valley or cirque on a mountain.	Кум	Небольшая долина или цирк на горе.
Desalination	The removal of salts from a brine to create potable water.	Опреснение	Удаление солей из солевого раствора, чтобы получить питьевую воду.
Dioxane	A heterocyclic organic compound; a colorless liquid with a faint sweet odor.	Диоксан	Гетероциклическое органическое соединение; бесцветная жидкость со слабым сладким запахом.
Dioxin	Dioxins and dioxin-like compounds (DLCs) are by-products of various industrial processes, and are commonly regarded as highly toxic compounds that are environmental pollutants and persistent organic pollutants (POPs).	Диоксин	Диоксины и диоксиноподобные соединения являются побочными продуктами различных производственных процессов и обычно считаются высокотоксичными соединениями, которые являются загрязнителями окружающей среды и стойкими органическими загрязнителями (СОЗ).
Diurnal	Recurring every day, such as diurnal tasks, or having a daily cycle, such as diurnal tides.	Ежедневный	Повторяющийся каждый день, например ежедневные задания, или же имеющий суточный цикл, например ежедневные морские приливы.

English	English	Русский	Русский
Drumlin	A geologic formation resulting from glacial activity in which a well-mixed gravel formation of multiple grain sizes that forms an elongated or ovular, teardrop shaped, hill as the glacier melts; the blunt end of the hill points in the direction the glacier originally moved over the landscape.	Друмлин	Геологическое образование, созданное в результате ледниковой активности, при которой хорошо перемешанный гравий разных размеров образует удлиненный холм в форме слезы по мере того как ледник тает; тупой конец холма указывает направление первоначального продвижения ледника над ландшафтом.
Ebb and Flow	To decrease then increase in a cyclic pattern, such as tides.	Падение и рост	Уменьшаться и увеличиваться циклично, как морские приливы.
Ecology	The scientific analysis and study of interactions among organisms and their environment.	Экология	Научный анализ и изучение взаимодействия между организмами и окружающей их средой.
Economics	The branch of knowledge concerned with the production, consumption, and transfer of wealth.	Экономика	Раздел науки, связанный с производством, потреблением и перемещением материальных ценностей.

English	English	Русский	Русский
Efficiency Curve	Data plotted on a graph or chart to indicate a third dimension on a two-dimensional graph. The lines indicate the efficiency with which a mechanical system will operate as a function of two dependent parameters plotted on the x and y axes of the graph. Commonly used to indicate the efficiency of pumps or motors under various operating conditions.	Кривая производительности	Данные, представленные на графике или диаграмме, чтобы указать третью величину на двумерном графике. Линии показывают производительность, с которой механическая система будет работать как функция от двух зависимых параметров, нанесенных на оси x и y; широко используется для указания коэффициента полезного действия насосов или моторов в различных режимах работы.
Effusion	The emission or giving off of something such as a liquid, light, or smell, usually associated with a leak or a small discharge relative to a large volume.	Эффузия	Излияние или истечение какой-либо жидкости, света или запаха; как правило, связано с небольшой утечкой или потерей в сравнении с большим объёмом.

English	English	Русский	Русский
El Niña	The cool phase of El Niño Southern Oscillation associated with sea surface temperatures in the eastern Pacific below average and air pressures high in the eastern and low in western Pacific.	Эль-Нинья	Прохладная фаза Южной Осцилляции Эль-Ниньо, связана с температурой поверхности моря ниже средних значений в восточной части Тихого океана, а также с высоким давлением воздуха в восточной, и низким давлением воздуха в западной части Тихого океана.
El Niño	The warm phase of the El Niño Southern Oscillation, associated with a band of warm ocean water that develops in the central and east-central equatorial Pacific, including off the Pacific coast of South America. El Niño is accompanied by high air pressure in the western Pacific and low air pressure in the eastern Pacific.	Эль-Ниньо	Теплая фаза Южной Осцилляции Эль-Ниньо, связана с появлением пояса теплой океанической воды, который образовывается в центральной и восточно-центральной экваториальной части Тихого океана, в том числе у тихоокеанского побережья Южной Америки. Эль-Ниньо сопровождается высоким давлением воздуха в западной части Тихого океана, и низким давлением воздуха в восточной части Тихого океана.
El Niño Southern Oscillation	The El Niño Southern Oscillation refers to the cycle of warm and cold temperatures, as measured by sea surface temperature, of the tropical central and eastern Pacific Ocean.	Южная Осцилляция Эль-Ниньо	Южная Осцилляция Эль-Ниньо относится к циклу перемен теплых и холодных температур, измеряемых на поверхности воды в центральной тропической и восточной частях Тихого океана.

English	English	Русский	Русский
Endo-thermic Reactions	A process or reaction in which a system absorbs energy from its surroundings; usually, but not always, in the form of heat.	Эндотер-мические реакции	Процесс или реакция, в которой система поглощает энергию из окружающей среды; обычно, но не всегда, в виде тепла.
ENSO	El Niño Southern Oscillation	ENSO	Эль-Ниньо Южная Осцилляция
Enthalpy	A measure of the energy in a thermo-dynamic system.	Энтальпия	Мера энергии в термодинамической системе.
Entomol-ogy	The branch of zoology that deals with the study of insects.	Энтомология	Раздел зоологии, занимающийся изуче-нием насекомых.
Entropy	A thermodynamic quantity represent-ing the unavailabili-ty of the thermal energy in a system for conversion into mechanical work, often interpreted as the degree of disorder or random-ness in the system. Per the second law of thermodynam-ics, the entropy of an isolated system never decreases.	Энтропия	Термодинамическая величина, показы-вающая недоступ-ность тепловой энергии в системе для преобразования в механическую работу, часто интер-претируется как степень беспорядка или хаотичности в системе. Согласно второму закону тер-модинамики, энтро-пия изолированной системы никогда не уменьшается.
Eon	A very long time period, typically measured in millions of years.	Эон	Очень длительный период времени, как правило измеряется в миллионах лет.
Epiphyte	A plant that grows above the ground, supported non-para-sitically by another plant or object and deriving its nutrients and water from rain, air, and dust; an "Air Plant".	Эпифит	Растение, которое растет над поверх-ностью земли и поддерживается не паразитически с помощью других ра-стений или предме-тов, а также получает питательные веще-ства из дождевой воды, воздуха и пыли; "воздушное растение".

English	English	Русский	Русский
Esker	A long, narrow ridge of sand and gravel, sometimes with boulders, formed by a stream of water melting from beneath or within a stagnant, melting, glacier.	Эскер	Длинный узкий гребень из песка и гравия, иногда с валунами, образованный потоком талой воды от малоактивного тающего ледника.
Ester	A type of organic compound, typically quite fragrant, formed from the reaction of an acid and an alcohol.	Эфир	Тип органического соединения, как правило, с ярко выраженным запахом, образованный в результате взаимодействия кислоты и спирта.
Estuary	A water passage where a tidal flow meets a river flow.	Эстуарий	Устье реки, где встречаются приливное и речное течения.
Eutrophication	An ecosystem response to the addition of artificial or natural nutrients, mainly nitrates and phosphates to an aquatic system; such as the "bloom" or great increase of phytoplankton in a water body as a response to increased levels of nutrients. The term usually implies an aging of the ecosystem and the transition from open water in a pond or lake to a wetland, then to a marshy swamp, then to a fen, and ultimately to upland areas of forested land.	Эвтрофикация	Реакция экосистемы на добавление искусственных или натуральных питательных веществ, главным образом нитратов и фосфатов, в водную систему; такое "цветение", или большое увеличение фитопланктона в водоеме, возникает в ответ на повышение уровня питательных веществ. Данный термин обычно подразумевает старение экосистемы и преобразование открытой воды в пруду или озере в заболоченную местность, затем в низинное болото и, в итоге, в покрытую лесом возвышенность.

English	English	Русский	Русский
Exosphere	A thin, atmosphere-like volume surrounding Earth where molecules are gravitationally bound to the planet, but where the density is too low for them to behave as a gas by colliding with each other.	Экзосфера	Тонкий слой, окружающий как атмосфера Землю, где молекулы гравитационно связаны с планетой, но где плотность слишком мала для того чтобы они вели себя как газ, сталкиваясь друг с другом.
Exothermic Reactions	Chemical reactions that release energy by light or heat.	Экзотермические Реакции	Химические реакции, которые выделяют энергию в виде света или тепла.
Facultative Organism	An organism that can propagate under either aerobic or anaerobic conditions; usually one or the other conditions is favored: as Facultative Aerobe or Facultative Anaerobe.	Факультативный организм	Организм, который может размножаться при аэробных или анаэробных условиях; как правило, одно или другое условие преобладает: Факультативный Аэроб или Факультативный Анаэроб.
Fen	A low-lying land area that is wholly or partly covered with water and usually exhibits peaty alkaline soils. A fen is located on a slope, flat, or depression and gets its water from both rainfall and surface water.	Низинное болото	Низменность, которая полностью или частично покрыта водой и обычно состоит из торфяных щелочных почв. Низинное болото может располагаться на склоне, плоской поверхности или впадине и получает воду от атмосферных осадков и поверхностных вод.

English	English	Русский	Русский
Fermentation Pit	A small, cone shaped pit sometimes placed in the bottom of wastewater treatment ponds to capture the settling solids for anaerobic digestion in a more confined, and therefore more efficient way.	Бродильный приямок	Небольшое углубление/ сооружение в форме конуса, которое иногда размещают на дне очистных прудов для сбора и анаэробного разложения выпадающих в осадок твердых веществ в более ограниченном пространстве и, таким образом, более эффективным способом.
Flaring	The burning of flammable gasses released from manufacturing facilities and landfills to prevent pollution of the atmosphere from the released gases.	Сжигание попутного газа	Сжигание горючих газов, получаемых от производственных объектов и свалок, для предотвращения загрязнения атмосферы.
Flocculation	The aggregation of fine suspended particles in water or wastewater into particles large enough to settle out during a sedimentation process.	Флокуляция	Объединение мелких взвешенных частиц, находящихся в воде или сточных водах, в агрегаты достаточно большие, чтобы выпасть в осадок в процессе седиментации.
Fluvioglacial Landforms	Landforms molded by glacial meltwater, such as drumlins and eskers.	Флювиогляциальные формы рельефа	Формы рельефа, сформированные талой ледниковой водой, например друмлины и эскеры.
FOG (Wastewater Treatment)	Fats, Oil, and Grease	FOG (Очистка сточных вод)	Жиры, масла и смазки

English	English	Русский	Русский
Fossorial	Relating to an animal that is adapted to digging and life underground such as the badger, the naked mole-rat, the mole salamanders and similar creatures.	Роющие	Относящиеся к животным, которые приспособлены для рытья и жизни под землей, такие как барсук, голый землекоп, кротовые саламандры, и другие подобные существа.
Fracking	Hydraulic fracturing is a well-stimulation technique in which rock is fractured by a pressurized liquid.	Фрекинг	Гидравлический разрыв пласта представляет собой метод стимулирования скважины, при котором горная порода разрывается под давлением, созданным жидкостью.
Froude Number	A dimensionless number defined as the ratio of a characteristic velocity to a gravitational wave velocity. It may also be defined as the ratio of the inertia of a body to gravitational forces. In fluid mechanics, the Froude number is used to determine the resistance of a partially submerged object moving through a fluid.	Число Фруда	Безразмерная величина, которая определяется как отношение характерной скорости к скорости гравитационной волны. Также, может быть определено как отношение инерции тела к гравитационным силам. В гидродинамике число Фруда используется для определения сопротивления частично погруженного объекта, движущегося в жидкости.

English	English	Русский	Русский
GC	Gas Chromato-graph—an instrument used to measure volatile and semi-volatile organic compounds in gases.	ГХ	Газовый хроматограф —это инструмент, используемый для измерения летучих и полулетучих органических соединений в газах.
GC-MS	A GC coupled with an MS	ГХ-МС	ГХ совмещённый с МС.
Geology	An earth science comprising the study of solid Earth, the rocks of which it is composed, and the processes by which they change.	Геология	Наука о земле, включающая в себя изучение твердой земли, горных пород из которых она состоит, и процессов при которых они изменяются.
Germ	In biology, a micro-organism, especially one that causes disease. In agriculture the term relates to the seed of specific plants.	Микроб	В биологии, микро-организм, особенно тот, который вызывает болезнь. В сельском хозяйстве этот термин относится к семенам определенных растений.
Gerotor	A positive displacement pump.	Героторный насос	Объемный насос.
Glacial Outwash	Material carried away from a glacier by melt-water and deposited beyond the moraine.	Водно-ледниковые отложения	Материал, перенесенный от ледника талой водой и отложенный за морены.
Glacier	A slowly moving mass or river of ice formed by the accumulation and compaction of snow on mountains or near the poles.	Ледник	Медленно движущаяся масса или река льда, образовавшаяся в результате накопления и уплотнения снега на горах или вблизи полюсов.

English	English	Русский	Русский
Gneiss	Gneiss ("nice") is a metamorphic rock with large mineral grains arranged in wide bands. It means a type of rock texture, not a specific mineral composition.	Гнейс	Гнейс (англ. произносится "найс") - это метаморфические горные породы с крупными зернами минералов, расположенными в виде широких полос. Этот термин обозначает тип текстуры горной породы, а не определенный минеральный состав.
GPR	Ground Penetrating Radar	GPR	Георадар
GPS	The Global Positioning System; a space-based navigation system that provides location and time information in all weather conditions, anywhere on or near the Earth where there is a simultaneous unobstructed line of sight to four or more GPS satellites.	GPS	Глобальная система позиционирования; космическая навигационная система, которая предоставляет информацию о местоположении и времени в любых погодных условиях и в любом месте на поверхности или рядом с поверхностью Земли, где возможно беспрепятственное одновременное нахождение в зоне прямой видимости четырех или более спутников GPS.

English	English	Русский	Русский
Greenhouse Gas	A gas in an atmosphere that absorbs and emits radiation within the thermal infrared range; usually associated with destruction of the ozone layer in the upper atmosphere of the earth and the trapping of heat energy in the atmosphere leading to global warming.	Парниковый газ	Газ в атмосфере, который поглощает и испускает излучение в пределах теплового инфракрасного диапазона; как правило, связан с разрушением озонового слоя в верхних слоях атмосферы Земли и удержанием тепловой энергии в атмосфере, ведущих к глобальному потеплению.
Grey Water	Greywater is gently used water from bathroom sinks, showers, tubs, and washing machines. It is water that has not come into contact with feces, either from the toilet or from washing diapers.	"Серая вода"	"Серая вода" - это использованная вода из ванных раковин, душевых кабин, ванн и стиральных машин. Это вода, которая не имела контакта с фекалиями, как из туалета, так и от мытья под-гузников.
Groundwater	Groundwater is the water present beneath the Earth surface in soil pore spaces and in the fractures of rock formations.	Грунтовые воды	Грунтовые воды - это вода, присутствующая под поверхностью Земли в почвенных порах и трещинах горных пород.
Groundwater Table	The depth at which soil pore spaces or fractures and voids in rock become completely saturated with water.	Уровень грунтовых вод	Глубина, на которой поры в почве или трещины и пустоты в горных породах полностью насыщены водой.
HAWT	Horizontal Axis Wind Turbine	HAWT	Ветрогенератор с горизонтальной осью вращения

English	English	Русский	Русский
Hazardous Waste	Hazardous waste is waste that poses substantial or potential threats to public health or the environment.	Опасные отходы	Опасные отходы - это отходы, которые создают существенные или потенциальные угрозы для здоровья населения или окружающей среды.
Hazen-Williams Coefficient	An empirical relationship which relates the flow of water in a pipe with the physical properties of the pipe and the pressure drop caused by friction.	Коэффициент Хазена — Вильямса	Эмпирическое соотношение, связывающее течение воды в трубе с физическими свойствами трубы и падением давления, вызванное трением.
Head (Hydraulic)	The force exerted by a column of liquid expressed by the height of the liquid above the point at which the pressure is measured.	Напор (Гидравлический)	Сила, создаваемая столбом жидкости, выраженная высотой столба жидкости над точкой, где измеряют давление.
Heat Island	See: Urban Heat Island	Остров Тепла	Смотри: Городской Остров Тепла
Heterocyclic Organic Compound	A heterocyclic compound is a material with a circular atomic structure that has atoms of at least two different elements in its rings.	Гетероциклические органические соединения	Гетероциклическое соединение представляет собой вещество с атомным строением в виде кольца, которое содержит атомы по меньшей мере двух различных элементов в своих кольцах(циклах).
Heterocyclic Ring	A ring of atoms of more than one kind; most commonly, a ring of carbon atoms containing at least one non-carbon atom.	Гетероциклическое кольцо	Кольцо из атомов более чем одного вида; наиболее часто, кольцо из атомов углерода, содержащее по меньшей мере один неуглеродный атом.

English	English	Русский	Русский
Hetero-trophic Organism	Organisms that utilize organic compounds for nourishment.	Гетеротроф-ный организм	Организмы, использующие органические соединения для питания.
Holome-tabolous Insects	Insects that undergo a complete metamorphosis, going through four life stages: embryo, larva, pupa and imago.	Голометабо-лические насекомые	Насекомые, которые проходят полный метаморфоз, проходя через четыре стадии жизни: эмбрион(яйцо), личинка, куколка и имаго.
Horizontal Axis Wind Turbine	Horizontal axis means the rotating axis of the wind turbine is horizontal, or parallel with the ground. This is the most common type of wind turbine used in wind farms.	Ветрогене-ратор с горизонталь-ной осью вращения	Под горизонталь-ной осью подразумевается то, что вращающаяся ось ветрогенератора расположена горизонтально, или параллельно с поверхностью Земли. Это самый широко распространённый тип ветрогенера-торов, используемый в ветряных электростанциях.
Hydraulic Conduc-tivity	Hydraulic conductivity is a property of soils and rocks, which describes the ease with which a fluid (usually water) can move through pore spaces or fractures. It depends on the intrinsic permeability of the material, the degree of saturation, and on the density and viscosity of the fluid.	Гидравли-ческая проводимость (Влагопрово-дность)	Гидравлическая проводимость является свойством почв и горных пород, которое описывает легкость, с которой жидкость (обычно вода) может перемещаться через поровое пространство или трещины. Влаго-проводность зависит от внутренней прони-цаемости мате-риала, степени насы-щения, а также от плотности и вязкости жидкости.

English	English	Русский	Русский
Hydraulic Fracturing	See: Fracking	Гидравлический разрыв пласта	Смотри: Фрекинг
Hydraulic Loading	The volume of liquid that is discharged to the surface of a filter, soil, or other material per unit of area per unit of time, such as gallons/square foot/minute	Гидравлическая нагрузка	Объем жидкости, вытекающий на поверхность фильтра, почвы или другого материала, на единицу площади за единицу времени, например галлон / квадратный фут / минута.
Hydraulics	Hydraulics is a topic in applied science and engineering dealing with the mechanical properties of liquids or fluids.	Гидравлика	Гидравлика - это раздел прикладной науки и инженерного дела, имеющий дело с механическими свойствами жидкостей.
Hydric Soil	Hydric soil is soil which is permanently or seasonally saturated by water, resulting in anaerobic conditions. It is used to indicate the boundary of wetlands.	Заболоченная почва	Почва, которая постоянно или сезонно затоплена водой, в результате чего образуются анаэробные условия. Это используется для определения границ водно-болотных угодий.
Hydroelectric	An adjective describing a system or device powered by hydroelectric power.	Гидроэлектрический	Прилагательное, описывающее систему или устройство, которое работает на гидроэлектроэнергии.
Hydroelectricity	Hydroelectricity is electricity generated using the gravitational force of falling or flowing water.	Гидроэлектричество	Гидроэлектричество является электричеством, вырабатываемым за счет использования гравитационных сил при падении или течении воды.

English	English	Русский	Русский
Hydrofracturing	See: Fracking	Гидроразрыв пласта	Смотри: Фрекинг
Hydrologic Cycle	The hydrological cycle describes the continuous movement of water on, above and below the surface of the Earth.	Гидрологический цикл	Гидрологический цикл описывает непрерывное движение воды на, над и под поверхностью Земли.
Hydrologist	A practitioner of hydrology	Гидролог	Специалист по гидрологии.
Hydrology	Hydrology is the scientific study of the movement, distribution, and quality of water.	Гидрология	Гидрология - это научная дисциплина, изучающая движение, распределение и качество воды.
Hypertrophication	See: Eutrophication	Гипертрофикация	Смотри: Эвтрофикация
Imago	The final and fully developed adult stage of an insect, typically winged.	Имаго	Окончательная взрослая стадия в развитии насекомых, как правило крылатых.
Indicator Organism	An easily measured organism that is usually present when other pathogenic organisms are present and absent when the pathogenic organisms are absent.	Индикаторный организм	Организмы, количество которых легко измерить; обычно присутствуют при наличии других патогенных организмов и отсутствуют, когда другие патогенные организмы отсутствуют.
Inertial Force	A force as perceived by an observer in an accelerating or rotating frame of reference, that serves to confirm the validity of Newton's laws of motion, e.g. the perception of being forced backward in an accelerating vehicle.	Сила инерции	Сила, ощущаемая наблюдателем в ускоряющейся или вращающейся системе отсчета, которая служит подтверждением обоснованности законов движения Ньютона; например ощущение тяги назад в ускоряющемся автомобиле.

English	English	Русский	Русский
Internal Rate of Return	A method of calculating rate of return that does not incorporate external factors; the interest rate resulting from a transaction is calculated from the terms of the transaction, rather than the results of the transaction being calculated from a specified interest rate.	Внутренняя норма доходности	Метод расчета доходности, который не включает в себя внешние факторы; процентная ставка в результате сделки рассчитывается исходя из условий сделки, нежели результаты сделки рассчитываются по определенной процентной ставке.
Interstitial Water	Water trapped in the pore spaces between soil or biosolid particles.	Поровая вода	Вода, удерживаемая в поровом пространстве между частицами почвы или твердых биологических отходов.
Invertebrates	Animals that neither possess nor develop a vertebral column, including insects; crabs, lobsters and their kin; snails, clams, octopuses and their kin; starfish, sea-urchins and their kin; and worms, among others.	Беспозвоночные	Животные, у которых отсутствует позвоночный столб, включают в себя насекомых; крабов, омаров и их родственников; улиток, мидий, осьминогов и их родственников; морских звезд, морских ежей и их родственников; а также червей и прочих.
Ion	An atom or a molecule in which the total number of electrons is not equal to the total number of protons, giving the atom or molecule a net positive or negative electrical charge.	Ион	Атом или молекула, в которой общее число электронов не равно общему числу протонов, что дает атому или молекуле суммарный положительный или отрицательный электрический заряд.

English	English	Русский	Русский
Jet Stream	Fast flowing, narrow air currents found in the upper atmosphere or troposphere. The main jet streams in the United States are located near the altitude of the tropopause and flow generally west to east.	Струйное течение	Сильные и узкие воздушные потоки, наблюдаемые в тропосфере или верхних слоях атмосферы. Основные струйные течения в Соединенных Штатах нахо-дятся на высоте тропопаузы и протекают в целом с запада на восток.
Kettle Hole	A shallow, sedi-ment-filled body of water formed by retreating gla-ciers or draining floodwaters. Kettles are fluvioglacial landforms occur-ring as the result of blocks of ice calving from the front of a receding glacier and becoming partially to wholly buried by glacial outwash.	Котловина	Мелкий наполненный осадком водоем, образованный отступающим ледником или потоком павод-ковых вод. Котловины - это флювиогляциаль-ные формы рельефа, которые возникают в результате откалывания блоков льда от передней части отступающего ледника и становятся полностью или частично засыпанными ледниковыми отложениями.

English	English	Русский	Русский
Laminar Flow	In fluid dynamics, laminar flow occurs when a fluid flows in parallel layers, with no disruption between the layers. At low velocities, the fluid tends to flow without lateral mixing. There are no cross-currents perpendicular to the direction of flow, nor eddies or swirls of fluids.	Ламинарное течение	В гидродинамике, ламинарное течение возникает, когда жидкость течет параллельными слоями без нарушений между ними. При малых скоростях, жидкость имеет тенденцию течь без поперечного смешения. При этом, отсутствуют поперечные потоки или течения, направленные перпендикулярно к направлению основного потока, также отсутствуют водовороты или завихрения.
Lens Trap	A defined space within a layer of rock in which a fluid, typically oil, can accumulate.	Линзовидная ловушка	Определенное пространство в слое горной породы, в котором может накапливаться жидкость (обычно нефть).
Lidar	Lidar (also written LIDAR, LiDAR or LADAR) is a remote sensing technology that measures distance by illuminating a target with a laser and analyzing the reflected light.	Lidar (Лидар)	Лидар (также пишется LIDAR, LiDAR или LADAR) является технологией дистанционного зондирования, которая измеряет расстояние при освещении мишени с помощью лазера и анализе отраженного света.

English	English	Русский	Русский
Life-Cycle Costs	A method for assessing the total cost of facility or artifact ownership. It takes into account all costs of acquiring, owning, and disposing of a building, building system, or other artifact. This method is especially useful when project alternatives that fulfill the same performance requirements, but have different initial and operating costs, are to be compared to maximize net savings.	Стоимость жизненного цикла	Метод оценки общей стоимости владения сооружением или артефактом. Он учитывает все затраты на приобретение, владение и утилизацию здания, системы здания или другого артефакта. Этот метод особенно полезен, когда для максимизации экономии сравнивают альтернативные варианты проекта, которые удовлетворяют одни и те же технические требования, но имеют различные начальные и эксплуатационные расходы.
Ligand	In chemistry, an ion or molecule attached to a metal atom by coordinate bonding. In biochemistry, a molecule that binds to another (usually larger) molecule.	Лиганд	В химии, лиганд это ион или молекула, присоединенная к атому металла координационной связью. В биохимии, лиганд это молекула, которая присоединяется к другой (обычно большего размера) молекуле.
Macrophyte	A plant, especially an aquatic plant, large enough to be seen by the naked eye.	Макрофиты	Растения, главным образом водные растения, которые достаточно большие чтобы быть увиденными невооруженным глазом.

English	English	Русский	Русский
Marine Macrophyte	Marine macrophytes comprise thousands of species of macrophytes, mostly macroalgae, seagrasses, and mangroves, that grow in shallow water areas in coastal zones.	Морские макрофиты	Морские макрофиты включают в себя тысячи видов макрофитов, в основном макроводоросли, морские травы и мангровые заросли, которые растут на мелководье в прибрежных зонах.
Marsh	A wetland dominated by herbaceous, rather than woody, plant species; often found at the edges of lakes and streams, where they form a transition between the aquatic and terrestrial ecosystems. They are often dominated by grasses, rushes or reeds. Woody plants present tend to be low-growing shrubs. This vegetation is what differentiates marshes from other types of wetland such as swamps, and mires.	Марши	Водно-болотные угодья (болота), где преобладают травянистые, а не древесные виды растений; часто встречаются по краям озер и ручьев, где они образуют переход между водной и наземной экосистемами. На поверхности маршей преобладают травы, камыши и тростник. Древесные растения представлены как правило низкорослыми кустарниками. Тип растительности является тем, что отличает марши от других видов водно-болотных угодий (болот).
Mass Spectroscopy	A form of analysis of a compound in which light beams are passed through a prepared liquid sample to indicate the concentration of specific contaminants present.	Масс-Спектроскопия	Форма анализа соединения, при которой световые лучи проходят через приготовленный образец жидкости для определения концентрации специфических загрязняющих веществ.

English	English	Русский	Русский
Maturation Pond	A low-cost polishing pond, which generally follows either a primary or secondary facultative wastewater treatment pond. Primarily designed for tertiary treatment, (i.e., the removal of pathogens, nutrients and possibly algae) they are very shallow (usually 0.9–1 m depth).	Биологический пруд-усреднитель	Недорогой пруд для доочистки сточных вод, который обычно следует за первичным или вторичным факультативным прудом. В первую очередь предназначен для третичной очистки (т.е. удаления патогенных микроорганизмов, питательных веществ и, возможно, водорослей), они очень мелкие (глубина 0.9–1 М).
MBR	See: Membrane Reactor	МБР	Смотри: Мембранный Реактор
Membrane Bioreactor	The combination of a membrane process like microfiltration or ultrafiltration with a suspended growth bioreactor.	Мембранный Биореактор	Сочетание мембранных процессов, таких как микрофильтрация или ультрафильтрация, с реактором с суспензионной культурой.
Membrane Reactor	A physical device that combines a chemical conversion process with a membrane separation process to add reactants or remove products of the reaction.	Мембранный Реактор	Физическое устройство, которое сочетает в себе процесс химического преобразования с процессом мембранного разделения для добавления реагентов или удаления продуктов реакции.

English	English	Русский	Русский
Mesopause	The boundary between the mesosphere and the thermosphere.	Мезопауза	Граница между мезосферой и термосферой.
Mesosphere	The third major layer of Earth atmosphere that is directly above the stratopause and directly below the mesopause. The upper boundary of the mesosphere is the mesopause, which can be the coldest naturally occurring place on Earth with temperatures as low as −100°C (−146°F or 173 K).	Мезосфера	Третий основной слой атмосферы Земли, который находится непосредственно над стратопаузой и непосредственно под мезопаузой. Верхняя граница мезосферы - это мезопауза, которая, возможно, является самым холодным местом на Земле, где температура опускается до −100°C (−146°F или 173 K).
Metamorphic Rock	Metamorphic rock is rock which has been subjected to temperatures greater than 150 to 200°C and pressure greater than 1,500 bars, causing profound physical and/or chemical change. The original rock may be sedimentary, igneous rock or another, older, metamorphic rock.	Метаморфические горные породы	Метаморфические горные породы - это породы, которые были подвергнуты воздействию температур, превышающих 150–200°C, и давлению более 1,500 бар, приведших к глубоким физическим и/или химическим изменениям. Первоначальная порода может быть осадочной, магматической или другой, более старой, метаморфической горной породой.

English	English	Русский	Русский
Metamorphosis	A biological process by which an animal physically develops after birth or hatching, involving a conspicuous and relatively abrupt change in body structure through cell growth and differentiation.	Метаморфоз	Биологический процесс, посредством которого животное физически развивается после рождения или вылупления, включая заметное и относительно резкое изменение строения тела за счет роста и дифференцировки клеток.
Microbe	Microscopic single-cell organisms.	Микроб	Микроскопические одноклеточные организмы.
Microbial	Involving, caused by, or being microbes.	Микробный	Содержащий микробы; вызванный микробами; являющийся микробом.
Microorganism	A microscopic living organism, which may be single celled or multicellular.	Микроорганизм	Микроскопический живой организм, который может быть одноклеточным или многоклеточным.
Milliequivalent	One thousandth (10^{-3}) of the equivalent weight of an element, radical, or compound.	Миллиэквивалент	Одна тысячная (10^{-3}) эквивалентного веса элемента, радикала или соединения.
Mires	A wetland terrain without forest cover dominated by living, peat-forming plants. There are two types of mire—fens and bogs.	Болото	Термин «mires» используется для обозначения заболоченных участков без лесного покрова, где преобладают живые торфообразующие растения. Существует два типа болот - низинные и верховые.
Molal Concentration	See: Molality	Моляльная концентрация	Смотри: Моляльность

English	English	Русский	Русский
Molality	Molality, also called molal concentration, is a measure of the concentration of a solute in a solution in terms of amount of substance in a specified mass of the solvent.	Моляльность	Моляльность, также называемая моляльной концентрацией, является мерой концентрации растворенного вещества в растворе, с точки зрения количества вещества в определенной массе растворителя.
Molar Concentration	See: Molarity	Молярная концентрация	Смотри: Молярность
Molarity	Molarity is a measure of the concentration of a solute in a solution, or of any chemical species in terms of the mass of substance in a given volume. A commonly used unit for molar concentration used in chemistry is mol/L. A solution of concentration 1 mol/L is also denoted as 1 molar (1 M).	Молярность	Молярность является мерой концентрации растворенного вещества в растворе, или мерой концентрации любого другого химического соединения, с точки зрения массы вещества в заданном объеме. Широко используемая в химии единица измерения молярной концентрации - это моль/л. Также, раствор концентрацией 1 моль/л обозначается как одномолярный (1 M).
Mole (Biology)	Small mammals adapted to a subterranean lifestyle. They have cylindrical bodies, velvety fur, very small, inconspicuous ears and eyes, reduced hindlimbs and short, powerful forelimbs with large paws adapted for digging.	Крот (Биология)	Мелкие млекопитающие, которые приспособлены к подземному образу жизни. Они имеют тела цилиндрической формы, бархатистый мех, очень маленькие незаметные глаза и уши, уменьшенные задние конечностей и короткие мощные передние конечности с большими лапами, приспособленными для рытья.

English	English	Русский	Русский
Mole (Chemistry)	The amount of a chemical substance that contains as many atoms, molecules, ions, electrons, or photons, as there are atoms in 12 grams of carbon-12 (12C), the isotope of carbon with a relative atomic mass of 12. This number is expressed by the Avogadro constant, which has a value of $6.02214129 \times 10^{23}$ mol^{-1}.	Моль (Химия)	Количество химического вещества, в котором содержится столько же атомов, молекул, ионов, электронов, или фотонов, как и в 12 граммах углерода-12 (12C), изотопе углерода с относительной атомной массой 12. Это число выражается постоянной Авогадро, которая равна $6.02214129 \times 10^{23}$ $моль^{-1}$.
Monetization	The conversion of non-monetary factors to a standardized monetary value for purposes of equitable comparison between alternatives.	Монетизация	Приведение немонетарных факторов к унифицированный денежной стоимости для справедливого сравнения альтернатив.
Moraine	A mass of rocks and sediment deposited by a glacier, typically as ridges at its edges or extremity.	Морена	Нагромождения камней и осадка, отложенные ледником в виде гребней на его краях.
Morphology	The branch of biology that deals with the form and structure of an organism, or the form and structure of the organism thus defined.	Морфология	Раздел биологии, который занимается изучением формы и строения организмов.

English	English	Русский	Русский
Mottling	Soil mottling is a blotchy discoloration in a vertical soil profile; it is an indication of oxidation, usually attributed to contact with groundwater, which can indicate the depth to a seasonal high groundwater table.	Пятнистость	Пятнистость почвы - это неоднородное изменение цвета в вертикальном профиле почвы; указывает на окисление, обычно вызванное контактом с подземными водами, а также показывает самый высокий сезонный уровень грунтовых вод.
MS	A Mass Spectrophotometer	МС	Масс-спектрофотометр
MtBE	Methyl-tert-Butyl Ether	МТБЭ	Метил-трет-бутиловый эфир
Multidecadal	A timeline that extends across more than one decade, or 10-year, span.	Мультидекадный	Временные рамки, которые простираются на более чем одно десятилетие.
Municipal Solid Waste	Commonly known as trash or garbage in the United States and as refuse or rubbish in Britain, is a waste type consisting of everyday items that are discarded by the public. "Garbage" can also refer specifically to food waste.	Твердые бытовые отходы	Мусор (широко известен как «trash» или «garbage» в Соединенных Штатах, а также как «refuse» или «rubbish» в Великобритании) - это вид отходов, состоящий из бытовых предметов, выброшенных людьми. «Garbage» может также относиться конкретно к пищевым отходам.

English	English	Русский	Русский
Nacelle	Aerodynamically-shaped housing that holds the turbine and operating equipment in a wind turbine.	Гондола	Корпус, имеющий аэродинамическую форму, который содержит турбины и другое оборудование в ветрогенераторах.
Nanotube	A nanotube is a cylinder made up of atomic particles and whose diameter is around one to a few billionths of a meter (or nanometers). They can be made from a variety of materials, most commonly, Carbon.	Нанотрубка	Нанотрубка представляет собой цилиндр из атомных частиц, диаметр которых составляет от одной до нескольких миллиардных долей метра (нанометров). Нанотрубка может быть изготовлена из различных материалов, однако чаще всего изготавливается из углерода.
NAO (North Atlantic Oscillation)	A weather phenomenon in the North Atlantic Ocean of fluctuations in atmospheric pressure differences at sea level between the Icelandic low and the Azores high that controls the strength and direction of westerly winds and storm tracks across the North Atlantic.	САО (Северо-Атлантическая Осцилляция)	Метеорологический феномен в северной части Атлантического океана, который выражается в колебаниях атмосферного давления на уровне моря между низким давлением возле Исландии и высоким давлением у Азорских островов, что контролирует силу и направление западных ветров и штормов во всей Северной Атлантике.

English	English	Русский	Русский
Northern Annular Mode	A hemispheric-scale pattern of climate variability in atmospheric flow in the northern hemisphere that is not associated with seasonal cycles.	Северный кольцевой режим	Модель изменения климата в атмосферных потоках Северного полушария, которая не связана с сезонными циклами.
OHM	Oil and Hazardous Materials	OHM	Нефть и опасные вещества
Ombrotrophic	Refers generally to plants that obtain most of their water from rainfall.	Омбротрофный	Обозначает в основном растения, которые получают большую часть воды из атмосферных осадков.
Oscillation	The repetitive variation, typically in time, of some measure about a central or equilibrium, value or between two or more different chemical or physical states.	Осцилляция, колебание	Повторяющиеся, как правило во времени, изменения некоторой величины вокруг какого-либо центра, равновесия, значения, или между двумя и более различными химическими или физическими состояниями.
Osmosis	The spontaneous net movement of dissolved molecules through a semi-permeable membrane in the direction that tends to equalize the solute concentrations both sides of the membrane.	Осмос	Самопроизвольное движение растворенных молекул через полупроницаемую мембрану в направлении, которое стремится к выравниванию концентраций растворенного вещества по обе стороны мембраны.

English	English	Русский	Русский
Osmotic Pressure	The minimum pressure which needs to be applied to a solution to prevent the inward flow of water across a semipermeable membrane. It is also defined as the measure of the tendency of a solution to take in water by osmosis.	Осмотическое давление	Минимальное давление, которое должно быть приложено к раствору, чтобы предотвратить направленное внутрь течение воды через полупроницаемую мембрану. Оно также определяется как мера стремления раствора принять воду через осмос.
Ozonation	The treatment or combination of a substance or compound with ozone.	Озонирование	Обработка или смешивание вещества/соединения с озоном.
Pascal	The SI derived unit of pressure, internal pressure, stress, Young's modulus and ultimate tensile strength; defined as one newton per square meter.	Паскаль	В СИ (Международной системе единиц), это единица измерения давления, внутреннего давления, напряжения, модуля Юнга и предела прочности на растяжение; обозначает давление, создаваемое силой 1 ньютон на площадь в 1 квадратный метр.
Pathogen	An organism, usually a bacterium or a virus, which causes, or is capable of causing, disease in humans.	Патоген	Организм, обычно бактерия или вирус, который вызывает или способен вызывать заболевания у людей.
PCB	Polychlorinated Biphenyl	ПХБ	Полихлорированный Бифенил

English	English	Русский	Русский
Peat (Moss)	A brown, soil-like material character-istic of boggy, acid ground, consisting of partly decom-posed vegetable matter; widely cut and dried for use in gardening and as fuel.	Торф (Торфяной мох)	Коричневый почвоподобный материал, характерный для болотистых кислых почв и состоящий из частично разложившихся растительных веществ; широко используется в садоводстве и в качестве топлива.
Peristaltic Pump	A type of positive displacement pump used for pumping a variety of fluids. The fluid is con-tained within a flexi-ble tube fitted inside a (usually) circular pump casing. A rotor with a variable number of "rollers", "shoes", "wipers", or "lobes" attached to the external circumference of the rotor compresses the flexible tube sequentially, causing the fluid to flow in one direction.	Перистальти-ческий насос	Тип объемного насоса, который используется для перекачки различных жидкостей. Жид-кость содержится внутри гибкой трубки, помещённой в корпусе насоса круглой формы. Ротор, с расположенными по внешней окружности «роликами», "кулачками", или "лопастями", последовательно сжимает гибкую трубку, заставляя жидкость течь в одном направлении.
pH	A measure of the hydrogen ion con-centration in water; an indication of the acidity of the water.	pH	Мера концентрации ионов водорода в воде; является показателем кислотности воды.
Phenocryst	The larger crystals in a porphyritic rock.	Фенокристалл	Наиболее крупные кристаллы в порфировых породах.

English	English	Русский	Русский
Photosyn- thesis	A process used by plants and other organisms to convert light energy, normally from the Sun, into chemical energy that can be used by the organism to drive growth and propagation.	Фотосинтез	Процесс, используемый растениями и другими организмами для преобразования энергии света, как правило, солнечного света, в химическую энергию, которая может быть использована организмом для стимуляции роста и размножения.
pOH	A measure of the hydroxyl ion concentration in water; an indication of the alkalinity of the water.	pOH	Мера концентрации гидроксильных ионов в воде; показатель щелочности воды.
Polarized Light	Light that is reflected or transmitted through certain media so that all vibrations are restricted to a single plane.	Поляризо- ванный свет	Свет, который отражается или проходит через определенную среду так, что все колебания ограничены в одной плоскости.
Polishing Pond	See: Maturation Pond	Пруд для доочистки сточных вод	Смотри: Биологический пруд-усреднитель.
Polydentate	Attached to the central atom in a coordination complex by two or more bonds —See: Ligands and Chelates.	Полиден- татный	Прикрепленный к центральному атому в координационном соединении двумя или более связями Смотри: Лиганды и Хелаты.
Pore Space	The interstitial spaces between grains of soil in a soil mixture or profile.	Поровое пространство	Пустоты или промежутки между частицами почвы.

English	English	Русский	Русский
Porphyritic Rock	Any igneous rock with large crystals embedded in a finer groundmass of minerals	Порфировые породы	Любые магматические породы, которые имеют крупные кристаллы, внедрённые в более тонкозернистую массу минералов.
Porphyry	A textural term for an igneous rock consisting of large-grain crystals such as feldspar or quartz dispersed in a fine-grained matrix.	Порфир	Термин, описывающий текстуру магматических горных пород, состоящих из крупных кристаллов, например полевого шпата или кварца, диспергированных в тонкозернистой матрице.
Protolith	The original, unmetamorphosed rock from which a specific metamorphic rock is formed. For example, the protolith of marble is limestone, since marble is a metamorphosed form of limestone.	Протолит	Любая первоначальная горная порода, из которой образовалась метаморфическая порода.
Pupa	The life stage of some insects undergoing transformation. The pupal stage is found only in holometabolous insects, those that undergo a complete metamorphosis, going through four life stages: embryo, larva, pupa and imago.	Куколка	Стадия жизни некоторых насекомых, проходящих трансформацию. Стадия куколки встречается только у голометаболических насекомых, которые проходят полный метаморфоз через четыре стадии жизни: эмбрион(яйцо), личинка, куколка и имаго.

English	English	Русский	Русский
Pyrolysis	Combustion or rapid oxidation of an organic substance in the absence of free oxygen.	Пиролиз	Сгорание или быстрое окисление органического вещества в отсутствии свободного кислорода.
Quantum Mechanics	A fundamental branch of physics concerned with processes involving atoms and photons.	Квантовая механика	Фундаментальный раздел физики, занимающийся процессами с участием атомов и фотонов.
Radar	An object-detection system that uses radio waves to determine the range, angle, or velocity of objects.	Радар	Система обнаружения объектов, которая использует радиоволны чтобы определить диапазон, угол или скорость объектов.
Rate of Return	A profit on an investment, generally comprised of any change in value, including interest, dividends or other cash flows which the investor receives from the investment.	Ставка доходности	Прибыль от инвестиции, большей частью основанная на изменении в её стоимости, включающая в себя проценты, дивиденды или другие денежные средства, полученные инвестором от инвестиции.
Ratio	A mathematical relationship between two numbers indicating how many times the first number contains the second.	Отношение	Математическая зависимость между двумя числами, показывающая сколько раз первое число содержит в себе второе.
Reactant	A substance that takes part in and undergoes change during a chemical reaction.	Реагент	Вещество, которое принимает участие и подвергается изменению в процессе химической реакции.

English	English	Русский	Русский
Reactivity	Reactivity generally refers to the chemical reactions of a single substance or the chemical reactions of two or more substances that interact with each other.	Реактивность	Реактивность обычно относится к химическим реакциям одного вещества, или же химическим реакциям двух и более веществ, взаимодействующих друг с другом.
Reagent	A substance or mixture for use in chemical analysis or other reactions.	Реактив	Вещество или смесь, предназначенное для использования в химическом анализе или других реакциях.
Redox	A contraction of the name for a chemical reduction-oxidation reaction. A reduction reaction always occurs with an oxidation reaction. Redox reactions include all chemical reactions in which atoms have their oxidation state changed; in general, redox reactions involve the transfer of electrons between chemical species.	Редокс	Сокращённое название окислительно-восстановительных реакций (англ. Redox - Reduction/ Oxidation). Реакция восстановления всегда происходит совместно с реакцией окисления. Окислительно-восстановительные реакции включают в себя все химические реакции, в которых атомы изменяют свою степень окисления; в основном, окислительно-восстановительные реакции подразумевают передачу электронов между химическими частицами.

English	English	Русский	Русский
Reynold's Number	A dimensionless number indicating the relative turbulence of flow in a fluid. It is proportional to {(inertial force) / (viscous force)} and is used in momentum, heat, and mass transfer to account for dynamic similarity.	Число Рейнольдса	Безразмерная величина, показывающая относительную турбулентность потока жидкости. Оно пропорционально силе внутреннего трения и используется в расчетах импульса, теплоты и массообмена для учета динамического подобия.
Salt (Chemistry)	Any chemical compound formed from the reaction of an acid with a base, with all or part of the hydrogen of the acid replaced by a metal or other cation.	Соль (химия)	Любое химическое соединение, образующееся в результате реакции кислоты с основанием, при которой водород в кислоте полностью или частично заменен металлом или другим катионом.
Saprophyte	A plant, fungus, or microorganism that lives on dead or decaying organic matter.	Сапрофит	Растение, гриб или микроорганизм, который живет на мертвом или распадающемся органическом веществе.
Sedimentary Rock	A type of rock formed by the deposition of material at the Earth surface and within bodies of water through processes of sedimentation.	Осадочная порода	Тип горной породы, образованный в результате отложения материала на поверхности Земли и в водоемах через процессы седиментации.

English	English	Русский	Русский
Sedimenta-tion	The tendency for particles in suspension to settle out of the fluid in which they are entrained and come to rest against a barrier due to the forces of gravity, centrifugal acceleration, or electromagnetism.	Седиментация	Стремление частиц в суспензии выпасть в осадок и упереться в преграду под воздействием силы тяжести, центробежного ускорения или электромагнетизма.
Sequester-ing Agents	See: Chelates	Комплексо-образующий агент	Смотри: Хелаты
Sewage	A water-borne waste, in solution or suspension, generally including human excrement and other wastewater components.	Отходы сточных вод	Переносимые водой отходы, в виде раствора или суспензии, как правило, содержащие человеческие экскременты и другие компоненты.
Sewerage	The physical infrastructure that conveys sewage, such as pipes, manholes, catch basins, etc.	Канализация	Инфраструктура, которая переносит сточные воды и включает в себя трубы, колодцы, водосборники и т.д.
Sludge	A solid or semi-solid slurry produced as a by-product of wastewater treatment processes or as a settled suspension obtained from conventional drinking water treatment and numerous other industrial processes.	Осадок (ил, шлам)	Твердая или полутвердая смесь, получаемая в качестве побочного продукта при процессах очистки сточных вод, или осевшая суспензия, получаемая при традиционных методах обработки питьевой воды и многих других промышленных процессах.

English	English	Русский	Русский
Southern Annular Flow	A hemispheric-scale pattern of climate variability in atmospheric flow in the southern hemisphere that is not associated with seasonal cycles.	Южный кольцевой режим	Модель изменения климата в атмосферных потоках Южного полушария, которая не связана с сезонными циклами.
Specific Gravity	The ratio of the density of a substance to the density of a reference substance; or the ratio of the mass per unit volume of a substance to the mass per unit volume of a reference substance.	Удельная плотность	Отношение плотности данного вещества к плотности эталонного вещества; или отношение массы на единицу объема данного вещества, к массе на единицу объема эталонного вещества.
Specific Weight	The weight per unit volume of a material or substance.	Удельный вес	Вес единицы объема материала или вещества.
Spectrometer	A laboratory instrument used to measure the concentration of various contaminants in liquids by chemically altering the color of the contaminant in question and then passing a light beam through the sample. The specific test programmed into the instrument reads the intensity and density of the color in the sample as a concentration of that contaminant in the liquid.	Спектрометр	Лабораторный прибор, используемый для измерения концентрации различных загрязняющих веществ в жидкостях путем химического изменения цвета загрязнителя, а затем пропускания светового луча через образец. Специальный тест, запрограммированный в прибор, считывает интенсивность и плотность цвета в образце в виде концентрации этого загрязняющего вещества в жидкости.

English	English	Русский	Русский
Spectropho-tometer	A Spectrometer	Спектро-фотометр	Спектрометр
Stoichiom-etry	The calculation of relative quantities of reactants and products in chemical reactions.	Стехиометрия	Расчет относительных количеств реагентов и продуктов в химических реакциях.
Strato-sphere	The second major layer of Earth atmo-sphere, just above the troposphere, and below the meso-sphere.	Стратосфера	Второй крупный слой атмосферы Земли, который располагается над тропосферой и под мезосферой.
Substance Concentra-tion	See: Molarity	Концентрация вещества	Смотри: Молярность
Subcritical flow	Subcritical flow is the special case where the Froude number (dimen-sionless) is less than 1. i.e. The velocity divided by the square root of (gravitational constant multiplied by the depth) = <1 (Compare to Critical Flow and Supercriti-cal Flow).	Докрити-ческий (спокойный) поток	Спокойный поток является частным случаем, когда число Фруда (безразмерная величина) меньше 1, т.е. скорость, разде-ленная на квадрат-ный корень из (грави-тационной постоян-ной умноженной на глубину) =<1 (Сравните с критическим и бурным потоками).
Supercriti-cal flow	Supercritical flow is the special case where the Froude number (dimen-sionless) is greater than 1. i.e. The velocity divided by the square root of (gravitational constant multiplied by the depth) = >1 (Compare to Subcritical Flow and Critical Flow).	Сверхкритиче-ский (бурный) поток	Бурный поток является частным случаем, когда число Фруда (безразмерная величина) больше 1, т.е. скорость, разде-ленная на квадратный корень из (грави-тационной постоян-ной умноженной на глубину) => 1 (Срав-ните со спокойным и критическим потоками).

English	English	Русский	Русский
Swamp	An area of low-lying land; frequently flooded, and especially one dominated by woody plants.	Болото	Участки низменности, которые часто бывают затоплены, особенно те, где доминируют древесные растения.
Synthesis	The combination of disconnected parts or elements in such a way as to form a whole; the creation of a new substance by the combination or decomposition of chemical elements, groups, or compounds; or the combining of different concepts into a coherent whole.	Синтез	Соединение разъединенных частей или элементов в единое целое; создание нового вещества путем смешивания или разложения химических элементов, групп или соединений; объединение различных концепций в связное целое.
Synthesize	To create something by combining different things together or to create something by combining simpler substances through a chemical process.	Синтезировать	Создавать что-нибудь, соединяя разные вещи или смешивая простые вещества с помощью химических процессов
Tarn	A mountain lake or pool, formed in a cirque excavated by a glacier.	Каровое озеро	Горное озеро, которое сформировалось в образованном ледником цирке
Thermodynamic Process	The passage of a thermodynamic system from an initial to a final state of thermodynamic equilibrium.	Термодинамический процесс	Прохождение термодинамической системой от начального к конечному состоянию термодинамического равновесия

English	English	Русский	Русский
Thermody-namics	The branch of phys-ics concerned with heat and temperature and their relation to energy and work.	Термодина-мика	Раздел физики, изучающий теплоту и температуру, а также их связь с энергией и работой
Thermo-mechanical Conversion	Relating to or designed for the transformation of heat energy into mechanical work.	Термомеха-ническая конверсия	Означает преобразование тепловой энергии в механическую работу, или предназначается для этих целей.
Thermo-sphere	The layer of Earth atmosphere directly above the mesosphere and directly below the exosphere. Within this layer, ultraviolet radiation causes photoionization and photodissociation of molecules present. The thermosphere begins about 85 kilometers (53 mi) above the Earth.	Термосфера	Слой атмосферы Земли, который расположен непосредственно над мезосферой и непосредственно под экзосферой. В пределах этого слоя ультрафиолетовое излучение вызывает фотоионизацию и фотодиссоциацию присутствующих молекул. Нижняя граница термосферы распложена на высоте около 85 километров (53 мили) над Землей
Tidal	Influenced by the action of ocean tides rising or falling	Приливно-отливный	Подверженный влиянию океанских приливов и отливов
TOC	Total Organic Carbon; a measure of the organic con-tent of contaminants in water.	ООУ	Общий органический углерод; параметр, характеризующий загрязнённость воды органическими веществами.
Torque	The tendency of a twisting force to rotate an object about an axis, ful-crum, or pivot.	Крутящий момент	Стремление крутя-щей силы к враще-нию объекта вокруг оси, точки опоры или точки вращения.

English	English	Русский	Русский
Trickling Filter	A type of wastewater treatment system consisting of a fixed bed of rocks, lava, coke, gravel, slag, polyurethane foam, sphagnum peat moss, ceramic, or plastic media over which sewage or other wastewater is slowly trickled, causing a layer of microbial slime (biofilm) to grow, covering the bed of media, and removing nutrients and harmful bacteria in the process.	Капельный биофильтр	Тип системы очистки сточных вод, состоящий из неподвижного слоя из горных пород, лавы, кокса, гравия, шлака, полиуретановой пены, сфагнума, керамики или пластичной среды, по которому сточные воды, или другая загрязненная вода, медленно стекает, заставляя слой микробной слизи (биопленки) расти, покрывая неподвижный слой и удаляя питательные вещества и вредные бактерии.
Tropopause	The boundary in the atmosphere between the troposphere and the stratosphere.	Тропопауза	Граница в атмосфере между тропосферой и стратосферой.
Tropo-sphere	The lowest portion of atmosphere; containing about 75% of the atmospheric mass and 99% of the water vapor and aerosols. The average depth is about 17 km (11 mi) in the middle latitudes, up to 20 km (12 mi) in the tropics, and about 7 km (4.3 mi) near the polar regions, in winter.	Тропосфера	Самая низкая часть атмосферы; содержит около 75% от массы атмосферы и 99% водяного пара и аэрозолей. Средняя глубина составляет около 17 км (11 миль) в средних широтах, до 20 км (12 миль) в тропиках, и около 7 км (4,3 мили) вблизи полярных областей в зимний период.
UHI	Urban Heat Island	UHI	Городской остров тепла

English	English	Русский	Русский
UHII	Urban Heat Island Intensity	UHII	Интенсивность городского острова тепла
Unit Weight	See: Specific Weight	Вес единицы объема	Смотри: Удельный вес
Urban Heat Island	An urban heat island is a city or metropolitan area that is significantly warmer than its surrounding rural areas, usually due to human activities. The temperature difference is usually larger at night than during the day, and is most apparent when winds are weak.	Городской остров тепла	Городской остров тепла - это город или столичный округ, в котором температура значительно выше, чем в прилегающих сельских районах, как правило, в результате человеческой деятельности. Разница температур обычно больше в ночное время, чем в течение дня, и проявляется больше при слабом ветре.
Urban Heat Island Intensity	The difference between the warmest urban zone and the base rural temperature defines the intensity or magnitude of an Urban Heat Island.	Интенсивность городского острова тепла	Интенсивность городского острова тепла определяется как разница между температурой самой теплой городской зоны и базовой температурой прилегающей сельской местности.
UV	Ultraviolet Light	УФ	Ультрафиолетовый свет
VAWT	Vertical Axis Wind Turbine	VAWT	Ветрогенератор с вертикальной осью вращения

English	English	Русский	Русский
Vena Contracta	The point in a fluid stream where the diameter of the stream, or the stream cross-section, is the least, and fluid velocity is at its maximum, such as with a stream of fluid exiting a nozzle or other orifice opening.	Vena Contracta	Точка в потоке жидкости, где диаметр, или поперечное сечение потока, является наименьшим, и скорость жидкости достигает максимума, например при выходе струи из насадка или другого отверстия.
Vernal Pool	Temporary pools of water that provide habitat for distinctive plants and animals; a distinctive type of wetland usually devoid of fish, which allows for the safe development of natal amphibian and insect species unable to withstand competition or predation by open water fish.	Временный водоём	Временные водоемы, которые обеспечивают средой обитания определенные растения и животных; особенный тип водно-болотных угодий, как правило, лишенный рыбы, что позволяет безопасно развиваться амфибиям и разным видам насекомых, которые не могут выдержать конкуренцию и истребление рыбой в открытой воде.
Vertebrates	An animal among a large group distinguished by the possession of a backbone or spinal column, including mammals, birds, reptiles, amphibians, and fishes. (Compare with Invertebrate).	Позвоночные	Большая группа животных, которая отличается наличием позвоночника или позвоночного столба, включающая млекопитающих, птиц, рептилий, амфибий и рыб (сравните с беспозвоночными).

English	English	Русский	Русский
Vertical Axis Wind Turbine	A type of wind turbine where the main rotor shaft is set transverse to the wind (but not necessarily vertically) while the main components are located at the base of the turbine. This arrangement allows the generator and gearbox to be located close to the ground, facilitating service and repair. VAWTs do not need to be pointed into the wind, which removes the need for wind-sensing and orientation mechanisms.	Ветрогенератор с вертикальной осью вращения	Тип ветрогенератора, у которого главный вал ротора установлен поперечно по отношению к ветру (но не обязательно вертикально), в то время как основные компоненты расположены у основания конструкции. Такая компоновка позволяет расположить генератор и редуктор близко к земле, что облегчает обслуживание и ремонт. Ветрогенератор с вертикальной осью вращения не нужно направлять по ветру, что устраняет необходимость в механизмах ветрового зондирования и изменения ориентации.
Vicinal Water	Water which is trapped next to or adhering to soil or biosolid particles.	Вицинальная вода	Вода, удерживаемая рядом или присоединенная к почвенным или биологическим твердым частицам.

English	English	Русский	Русский
Virus	Any of various sub-microscopic agents that infect living organisms, often causing disease, and that consist of a single or double strand of RNA or DNA surrounded by a protein coat. Unable to replicate without a host cell, viruses are often not considered to be living organisms.	Вирус	Любой из различных субмикроскопических агентов, которые заражают живые организмы и нередко вызывают заболевания. Вирусы состоят из одной или двойной цепи РНК или ДНК, окруженной белковой оболочкой. Они часто не считаются живыми организмами по причине того, что они не могут размножаться без клетки-хозяина.
Viscosity	A measure of the resistance of a fluid to gradual deformation by shear stress or tensile stress; analogous to the concept of "thickness" in liquids, such as syrup versus water.	Вязкость	Мера сопротивления жидкости к постепенной деформации под воздействием напряжения сдвига или растяжения; аналогично понятию "густоты" в жидкостях, например, сироп в сравнении с водой.
Volcanic Rock	Rock formed from the hardening of molten rock.	Вулканическая порода	Тип горной породы, сформировавшийся в результате затвердевания лавы.
Volcanic Tuff	A type of rock formed from compacted volcanic ash which varies in grain size from fine sand to coarse gravel.	Вулканический туф	Тип горной породы, образовавшийся из спрессованного вулканического пепла. Размер зерен вулканического туфа варьируется от мелкого песка до крупного гравия.

English	English	Русский	Русский
Wastewater	Water which has become contaminated and is no longer suitable for its intended purpose.	Сточные воды	Вода, которая была загрязнена и больше не подходит для использования по своему предназначению.
Water Cycle	The water cycle describes the continuous movement of water on, above and below the surface of the Earth.	Круговорот воды	Круговорот воды описывает непрерывное движение воды на, над и под поверхностью земли.
Water Hardness	The sum of the Calcium and Magnesium ions in the water; other metal ions also contribute to hardness but are seldom present in significant concentrations.	Жёсткость воды	Сумма ионов кальция и магния в воде; ионы других металлов также влияют на жесткость, но редко присутствуют в значительных концентрациях.
Water Softening	The removal of Calcium and Magnesium ions from water (along with any other significant metal ions present).	Умягчение воды	Удаление ионов кальция и магния из воды (вместе с любыми другими ионами металлов, присутствующих в значительных количествах).
Weathering	The oxidation, rusting, or other degradation of a material due to weather effects.	Выветривание	Окисление, ржавление или другая деградация материала под воздействием погодных условий.
Wind Turbine	A mechanical device designed to capture energy from wind moving past a propeller or vertical blade of some sort, thereby turning a rotor inside a generator to generate electrical energy.	Ветрогенератор	Механическое устройство, предназначенное для получения энергии от ветра, движущегося мимо воздушного винта или вертикальных лопастей и тем самым поворачивающего ротор внутри генератора для выработки электрической энергии.

CHAPTER 4

Russian to English

Русский	Русский	English	English
ААС	Атомно-Абсорбционный Спектрофотометр; инструмент для тестирования почв и жидкостей на наличие определенных металлов.	AAS	Atomic Absorption Spectrophotometer; an instrument to test for specific metals in soils and liquids.
Автотрофные организмы	Микроскопические растения, способные синтезировать свою пищу из простых органических веществ.	Autotrophic Organism	A typically micro-scopic plant capable of synthesizing its own food from simple organic substances.
Агломерация	Соединение частиц, растворенных в воде или сточных водах, во взвешенные частицы, достаточно большие для флокуляции в виде оседающих твёрдых веществ.	Agglomer-ation	The coming together of dis-solved particles in water or wastewater into suspended particles large enough to be flocculated into settleable solids.
Адиабати-ческий (Адиабатный)	Обозначает процесс или состояние, при котором система не поглощает и не отдает тепло в течение периода исследования.	Adiabatic	Relating to or denot-ing a process or condition in which heat does not enter or leave the system concerned during a period of study.

Русский	Русский	English	English
Адиабати-ческий (Адиабатный) процесс	Термодинамический процесс, который происходит без обмена тепла или материи между системой и окружающей средой.	Adiabatic Process	A thermodynamic process that occurs without transfer of heat or matter between a system and its surround-ings.
Активный ил	Способ обработки бытовых или промышленных сточных вод с использованием воздуха и биологических хлопьев, состоящих из бактерий и простейших организмов.	Activated Sludge	A process for treating sewage and industrial waste-waters using air and a biological floc composed of bacteria and protozoa.
Аллотроп	Химический элемент, который может существовать в двух и более различных формах, в одинаковом физическом состоянии, но с различными структурными изменениями.	Allotrope	A chemical element that can exist in two or more different forms, in the same physical state, but with different struc-tural modifications.
AMO (Атлантическая Мульти-декадная Осцилляция)	Океаническое течение, которое, предположительно, влияет на температуру поверхности воды в северной части Атлантического океана и основывается на различных методах и на разных мультидекадных временных шкалах.	AMO (Atlantic Mul-tidecadal Oscillation)	An ocean current that is thought to affect the sea surface temperature of the North Atlantic Ocean based on different modes and on different multidecadal timescales.

Русский	Русский	English	English
Амфотерность	Когда молекула или ион может реагировать как в качестве кислоты, так и в качестве основания.	Amphoterism	When a molecule or ion can react both as an acid and as a base.
Анаэроб	Тип организмов, которые не требуют кислорода для развития и размножения, при этом могут использовать азот, сульфаты и другие соединения для этих целей.	Anaerobe	A type of organism that does not require Oxygen to propagate, but can use nitrogen, sulfates, and other compounds for that purpose.
Анаэробный	Относящийся к организмам, которые не требуют свободного кислорода для дыхания или жизни. Эти организмы, как правило, используют азот, железо или другие металлы для обмена веществ и роста.	Anaerobic	Related to organisms that do not require free oxygen for respiration or life. These organisms typically utilize nitrogen, iron, or some other metals for metabolism and growth.
Анаэробный Мембранный Биореактор	Высокоэффективный процесс анаэробной очистки сточных вод, при котором мембраны используются в качестве барьера для разделения систем газ-жидкость-твердое вещество и выполняют функцию сбора биомассы.	Anaerobic Membrane Bioreactor	A high-rate anaerobic waste-water treatment process that uses a membrane barrier to perform the gas-liquid-solids separation and reactor biomass retention functions.
Анион	Отрицательно заряженный ион.	Anion	A negatively charged ion.

Русский	Русский	English	English
Антиклиналь	Тип геологической складки в форме арки, состоящей из слоистых горных пород, в которой более древние слои расположены ближе к ядру.	Anticline	A type of geologic fold that is an arch-like shape of layered rock which has its oldest layers at its core.
Антропоген-ный	Возникший в результате деятельности человека.	Anthropo-genic	Caused by human activity.
Антропология	Наука о человеческой жизни и истории.	Anthropol-ogy	The study of human life and history.
АО (Арктическая Осцилляция)	Индекс (который изменяется с течением времени без особой периодичности) доминирующей модели несезонных колебаний давления на уровне моря к северу от 20 с.ш., характеризующийся аномалиями давления одного знака в Арктике, и противоположными аномалиями, сосредоточенными около 37–45 с.ш.	AO (Arctic Oscilla-tions)	An index (which varies over time with no specific periodicity) of the dominant pattern of non-seasonal sea-level pressure vari-ations north of 20N latitude, character-ized by pressure anomalies of one sign in the Arctic with the opposite anomalies centered about 37–45N.
Аэроб	Тип организма, которому необходим кислород для размножения.	Aerobe	A type of organ-ism that requires Oxygen to propagate.
Аэробный	Связанный с кислородом; содержащий кислород; нуждающийся в кислороде.	Aerobic	Relating to, involv-ing, or requiring free oxygen.

Русский	Русский	English	English
Аэродинами-ческий	Имеющий форму, которая уменьшает силу сопротивления воздуха, воды или любой другой жидкости в которой происходит движение.	Aerody-namic	Having a shape that reduces the drag from air, water or any other fluid moving past.
Аэрофит	Эпифит	Aerophyte	An Epiphyte
Бактерия(-ии)	Одноклеточные микроорганизмы, у которых имеются клеточные стенки, но отсутствуют органеллы и ядро, некоторые из них могут вызывать заболевания.	Bacteri-um(a)	A unicellular micro-organism that has cell walls, but lacks organelles and an organized nucleus, including some that can cause disease.
Бентический	Прилагательное, описывающее осадок и почвы на дне водоема, где живут различные "бентические" организмы.	Benthic	An adjective describing sedi-ments and soils beneath a water body where various "benthic" organisms live.
Беспозво-ночные	Животные, у которых отсутствует позвоночный столб, включают в себя насекомых; крабов, омаров и их родственников; улиток, мидий, осьминогов и их родственников; морских звезд, морских ежей и их родственников; а также червей и прочих.	Inverte-brates	Animals that neither possess nor develop a vertebral column, including insects; crabs, lobsters and their kin; snails, clams, octopuses and their kin; starfish, sea-urchins and their kin; and worms, among others.

Русский	Русский	English	English
Биологический пруд-усреднитель	Недорогой пруд для доочистки сточных вод, который обычно следует за первичным или вторичным факультативным прудом. В первую очередь предназначен для третичной очистки (т.е. удаления патогенных микроорганизмов, питательных веществ и, возможно, водорослей), они очень мелкие (глубина 9–1 м).	Maturation Pond	A low-cost polishing pond, which generally follows either a primary or secondary facultative wastewater treatment pond. Primarily designed for tertiary treatment, (i.e., the removal of pathogens, nutrients and possibly algae) they are very shallow (usually 0.9–1 m depth).
Биомасса	Органическое вещество, полученное из живых или недавно живших организмов.	Biomass	Organic matter derived from living, or recently living, organisms.
Биопленка	Любая группа микроорганизмов, в которых клетки слипаются друг с другом на поверхности, например на поверхности среды в капельном фильтре или биологической слизи на медленном песчаном фильтре.	Biofilm	Any group of microorganisms in which cells stick to each other on a surface, such as on the surface of the media in a trickling filter or the biological slime on a slow sand filter.
Биореактор	Бак, резервуар, пруд или лагуна, в которой происходят биологические процессы, обычно связанные с обработкой и очисткой воды или сточных вод.	Bioreactor	A tank, vessel, pond or lagoon in which a biological process is being performed, usually associated with water or wastewater treatment or purification.

Русский	Русский	English	English
Биотопливо	Топливо, произведенное с помощью биологических процессов, например таких, как анаэробное разложение органических веществ, а не полученное в результате геологических процессов как ископаемые виды топлива, такие как уголь и нефть.	Biofuel	A fuel produced through current biological processes, such as anaerobic digestion of organic matter, rather than being produced by geological processes such as fossil fuels, such as coal and petroleum.
Биоуголь	Древесный уголь, который используется в качестве удобрения для почвы.	Biochar	Charcoal used as a soil supplement.
Биофильтр	Капельный фильтр	Biofilter	See: Trickling Filter
Биофильтрация	Методика борьбы с загрязнениями используя живых организмов, заключается в том, чтобы захватить и биологически разложить вещества-загрязнители.	Biofiltration	A pollution control technique using living material to capture and biologically degrade process pollutants.
Биофлокуляция	Соединение вместе малых растворенных органических частиц под воздействием особых бактерий и водорослей, что часто приводит к более быстрому и более полному выпадению в осадок органических твердых веществ в сточных водах.	Bioflocculation	The clumping together of fine, dispersed organic particles by the action of specific bacteria and algae, often resulting in faster and more complete settling of organic solids in wastewater.

Русский	Русский	English	English
Болото	Термин "mires" используется для обозначения заболоченных участков без лесного покрова, где преобладают живые торфообразующие растения. Существует два типа болот - низинные и верховые.	Mires	A wetland terrain without forest cover dominated by living, peat-forming plants. There are two types of mire – fens and bogs.
Болото	Участки низменности, которые часто бывают затоплены, особенно те, где доминируют древесные растения.	Swamp	An area of low-lying land; frequently flooded, and especially one dominated by woody plants.
БПК	Биологическое Потребление Кислорода; уровень загрязненности воды органическими веществами.	BOD	Biological Oxygen Demand; a measure of the strength of organic contaminants in water.
Бродильный приямок	Небольшое углубление/ сооружение в форме конуса, которое иногда размещают на дне очистных прудов для сбора и анаэробного разложения выпадающих в осадок твердых веществ в более ограниченном пространстве и, таким образом, более эффективным способом.	Fermentation Pit	A small, cone shaped pit sometimes placed in the bottom of wastewater treatment ponds to capture the settling solids for anaerobic digestion in a more confined, and therefore more efficient way.

Русский	Русский	English	English
Буфер (Буферизация)	Водный раствор, состоящий из смеси слабой кислоты и сопряженного с ней основания, или слабого основания и сопряженной кислоты. Значение pH этого раствора мало изменяется при добавлении небольшого или умеренного количества сильной кислоты или основания, и, таким образом, он используется для предотвращения изменения pH раствора. Буферные растворы широко используют в качестве средства для поддержания pH практически на постоянной величине в различных областях химической науки.	Buffering	An aqueous solution consisting of a mixture of a weak acid and its conjugate base, or a weak base and its conjugate acid. The pH of the solution changes very little when a small or moderate amount of strong acid or base is added to it and thus it is used to prevent changes in the pH of a solution. Buffer solutions are used as a means of keeping pH at a nearly constant value in a wide variety of chemical applications.
Верховое болото	Верховое болото представляет собой куполообразную форму рельефа, выше чем окружающий ландшафт, и получает большую часть воды из атмосферных осадков.	Bog	A bog is a domed-shaped land form, higher than the surrounding landscape, and obtaining most of its water from rainfall.
Вес единицы объема	Смотри: Удельный вес	Unit Weight	See: Specific Weight

Русский	Русский	English	English
Ветроге-нератор	Механическое устройство, предназначенное для получения энергии от ветра, движущегося мимо воздушного винта или вертикальных лопастей и тем самым поворачивающего ротор внутри генератора для выработки электрической энергии.	Wind Turbine	A mechanical device designed to capture energy from wind moving past a propeller or vertical blade of some sort, thereby turning a rotor inside a generator to generate electrical energy.
Ветроге-нератор с вертикальной осью вращения	Тип ветрогенератора, у которого главный вал ротора установлен поперечно по отношению к ветру (но не обязательно вертикально), в то время как основные компоненты расположены у основания конструкции. Такая компоновка позволяет расположить генератор и редуктор близко к земле, что облегчает обслуживание и ремонт. Ветрогенератор с вертикальной осью вращения не нужно направлять по ветру, что устраняет необходимость в механизмах ветрового зондирования и изменения ориентации.	Vertical Axis Wind Turbine	A type of wind turbine where the main rotor shaft is set transverse to the wind (but not necessarily vertically) while the main components are located at the base of the turbine. This arrangement allows the generator and gearbox to be located close to the ground, facilitating service and repair. VAWTs do not need to be pointed into the wind, which removes the need for wind-sensing and orientation mechanisms.

Русский	Русский	English	English
Ветроге-нератор с горизонталь-ной осью вращения	Под горизонтальной осью подразумевается то, что вращающаяся ось ветрогенератора расположена горизонтально, или параллельно с поверхностью Земли. Это самый широко распространённый тип ветрогене-раторов, используемый в ветряных электростанциях.	Horizontal Axis Wind Turbine	Horizontal axis means the rotating axis of the wind turbine is horizon-tal, or parallel with the ground. This is the most common type of wind turbine used in wind farms.
Вирус	Любой из различных субмикроско-пических агентов, которые заражают живые организмы и нередко вызывают заболевания. Вирусы состоят из одной или двойной цепи РНК или ДНК, окруженной белковой оболочкой. Они часто не считаются живыми организмами по причине того, что они не могут размножаться без клетки-хозяина.	Virus	Any of various sub-microscopic agents that infect living organisms, often causing disease, and that consist of a single or double strand of RNA or DNA surrounded by a protein coat. Unable to replicate without a host cell, viruses are often not considered to be living organisms.
Вицинальная вода	Вода, удерживаемая рядом или присоединенная к почвенным или биологическим твердым частицам.	Vicinal Water	Water which is trapped next to or adhering to soil or biosolid particles.
Внутренняя норма доходности	Метод расчета доходности, который не включает в себя внешние факторы; процентная ставка в результате сделки	Internal Rate of Return	A method of calculating rate of return that does not incorporate external factors; the interest rate resulting from

Русский	Русский	English	English
	рассчитывается исходя из условий сделки, нежели результаты сделки рассчитываются по определенной процентной ставке.		a transaction is calculated from the terms of the transaction, rather than the results of the transaction being calculated from a specified interest rate.
Водно-ледниковые отложения	Материал, перенесенный от ледника талой водой и отложенный за морены.	Glacial Outwash	Material carried away from a glacier by meltwater and deposited beyond the moraine.
Водоносный горизонт	Участок горной породы или рыхлой почвы, который может приносить применимое количество воды.	Aquifer	A unit of rock or an unconsolidated soil deposit that can yield a usable quantity of water.
Воздушное растение	Эпифит	Air Plant	An Epiphyte
Временный водоём	Временные водоемы, которые обеспечивают средой обитания определенные растения и животных; особенный тип водно-болотных угодий, как правило, лишенный рыбы, что позволяет безопасно развиваться амфибиям и разным видам насекомых, которые не могут выдержать конкуренцию и истребление рыбой в открытой воде.	Vernal Pool	Temporary pools of water that provide habitat for distinctive plants and animals; a distinctive type of wetland usually devoid of fish, which allows for the safe development of natal amphibian and insect species unable to withstand competition or predation by open water fish.
Вулканическая порода	Тип горной породы, сформировавшийся в результате затвердевания лавы.	Volcanic Rock	Rock formed from the hardening of molten rock.

Русский	Русский	English	English
Вулканический туф	Тип горной породы, образовавшийся из спрессованного вулканического пепла. Размер зерен вулканического туфа варьируется от мелкого песка до крупного гравия.	Volcanic Tuff	A type of rock formed from compacted volcanic ash which varies in grain size from fine sand to coarse gravel.
Выветривание	Окисление, ржавление или другая деградация материала под воздействием погодных условий.	Weathering	The oxidation, rusting, or other degradation of a material due to weather effects.
Вязкость	Мера сопротивления жидкости к постепенной деформации под воздействием напряжения сдвига или растяжения; аналогично понятию "густоты" в жидкостях, например, сироп в сравнении с водой.	Viscosity	A measure of the resistance of a fluid to gradual deformation by shear stress or tensile stress; analogous to the concept of "thickness" in liquids, such as syrup versus water.
Геология	Наука о земле, включающая в себя изучение твердой земли, горных пород из которых она состоит, и процессов при которых они изменяются.	Geology	An earth science comprising the study of solid Earth, the rocks of which it is composed, and the processes by which they change.
Героторный насос	Объемный насос.	Gerotor	A positive displacement pump.
Гетеротрофный организм	Организмы, использующие органические соединения для питания.	Heterotrophic Organism	Organisms that utilize organic compounds for nourishment.

Русский	Русский	English	English
Гетероцикли- ческие органические соединения	Гетероциклическое соединение представляет собой вещество с атомным строением в виде кольца, которое содержит атомы по меньшей мере двух различных элементов в своих кольцах(циклах).	Heterocy- clic Organic Compound	A heterocyclic com- pound is a material with a circular atomic structure that has atoms of at least two different elements in its rings.
Гетероцикли- ческое кольцо	Кольцо из атомов более чем одного вида; наиболее часто, кольцо из атомов углерода, содержащее по меньшей мере один неуглеродный атом.	Heterocy- clic Ring	A ring of atoms of more than one kind; most commonly, a ring of carbon atoms containing at least one non- carbon atom.
Гидравлика	Гидравлика - это раздел прикладной науки и инженерного дела, имеющий дело с механическими свойствами жидкостей.	Hydraulics	Hydraulics is a topic in applied science and engi- neering dealing with the mechanical properties of liquids or fluids.
Гидравли- ческая нагрузка	Объем жидкости, вытекающий на поверхность фильтра, почвы или другого материала, на единицу площади за единицу времени, например галлон/ квадратный фут/ минута.	Hydraulic Loading	The volume of liquid that is dis- charged to the sur- face of a filter, soil, or other material per unit of area per unit of time, such as gallons/square foot/ minute
Гидравли- ческая проводи- мость (Влагопрово- дность)	Гидравлическая проводимость является свойством почв и горных пород, которое описывает легкость, с которой жидкость (обычно вода) может перемещаться	Hydraulic Conduc- tivity	Hydraulic conduc- tivity is a property of soils and rocks, which describes the ease with which a fluid (usually water) can move through pore spaces or fractures. It depends on the intrinsic

Русский	Русский	English	English
	через поровое пространство или трещины. Влагопроводность зависит от внутренней проницаемости материала, степени насыщения, а также от плотности и вязкости жидкости.		permeability of the material, the degree of saturation, and on the density and viscosity of the fluid.
Гидравли-ческий разрыв пласта	Смотри: Фрекинг	Hydraulic Fracturing	See: Fracking
Гидролог	Специалист по гидрологии.	Hydrologist	A practitioner of hydrology.
Гидрологи-ческий цикл	Гидрологический цикл описывает непрерывное движение воды на, над и под поверхностью Земли.	Hydrologic Cycle	The hydrological cycle describes the continuous move-ment of water on, above and below the surface of the Earth.
Гидрология	Гидрология - это научная дисциплина, изучающая движение, распределение и качество воды.	Hydrology	Hydrology is the scientific study of the movement, distribution, and quality of water.
Гидроразрыв пласта	Смотри: Фрекинг	Hydrofrac-turing	See: Fracking
Гидроэлектри-ческий	Прилагательное, описывающее систему или устройство, которое работает на гидро-электроэнергии.	Hydroelec-tric	An adjective describing a system or device powered by hydroelectric power.
Гидроэлектри-чество	Гидроэлектричество является электричеством, вырабатываемым за счет использования гравитационных сил при падении или течении воды.	Hydroelec-tricity	Hydroelectricity is electricity generated using the gravi-tational force of falling or flowing water.

Русский	Русский	English	English
Гипертрофи-кация	Смотри: Эвтрофикация	Hypertro-phication	See: Eutrophication
Гнейс	Гнейс (англ. произносится "найс") - это метаморфические горные породы с крупными зернами минералов, расположенными в виде широких полос. Этот термин обозначает тип текстуры горной породы, а не определенный минеральный состав.	Gneiss	Gneiss ("nice") is a metamorphic rock with large mineral grains arranged in wide bands. It means a type of rock texture, not a specific mineral composition.
Голометаболи-ческие насекомые	Насекомые, которые проходят полный метаморфоз, проходя через четыре стадии жизни: эмбрион(яйцо), личинка, куколка и имаго.	Holome-tabolous Insects	Insects that undergo a complete meta-morphosis, going through four life stages: embryo, larva, pupa and imago.
Гондола	Корпус, имеющий аэродинамическую форму, который содержит турбины и другое оборудование в ветрогенераторах.	Nacelle	Aerodynamical-ly-shaped housing that holds the tur-bine and operating equipment in a wind turbine.
Городской остров тепла	Городской остров тепла - это город или столичный округ, в котором температура значительно выше, чем в прилегающих сельских районах, как правило, в результате человеческой деятельности. Разница температур обычно больше в ночное время, чем в течение дня, и проявляется больше при слабом ветре.	Urban Heat Island	An urban heat island is a city or metropolitan area that is significantly warmer than its surrounding rural areas, usually due to human activities. The temperature difference is usually larger at night than during the day, and is most apparent when winds are weak.

Русский	Русский	English	English
Грунтовые воды	Грунтовые воды - это вода, присутствующая под поверхностью Земли в почвенных порах и трещинах горных пород.	Ground-water	Groundwater is the water present beneath the Earth surface in soil pore spaces and in the fractures of rock formations.
ГХ	Газовый хроматограф - это инструмент, используемый для измерения летучих и полулетучих органических соединений в газах.	GC	Gas Chromatograph - an instrument used to measure volatile and semi-volatile organic compounds in gases.
ГХ-МС	ГХ совмещённый с МС.	GC-MS	A GC coupled with an MS
Диоксан	Гетероциклическое органическое соединение; бесцветная жидкость со слабым сладким запахом.	Dioxane	A heterocyclic organic compound; a colorless liquid with a faint sweet odor.
Диоксин	Диоксины и диоксиноподобные соединения являются побочными продуктами различных производственных процессов и обычно считаются высокотоксичными соединениями, которые являются загрязнителями окружающей среды и стойкими органическими загрязнителями (СОЗ).	Dioxin	Dioxins and dioxin-like compounds (DLCs) are by-products of various industrial processes, and are commonly regarded as highly toxic compounds that are environmental pollutants and persistent organic pollutants (POPs).
Докритический (спокойный) поток	Спокойный поток является частным случаем, когда число Фруда (безразмерная величина) меньше 1.	Subcritical flow	Subcritical flow is the special case where the Froude number (dimensionless) is less than 1.

Русский	Русский	English	English
	т.е. скорость, разделенная на квадратный корень из (гравитационной постоянной умноженной на глубину) = <1 (Сравните с критическим и бурным потоками).		i.e. The velocity divided by the square root of (gravitational constant multiplied by the depth) = <1 (Compare to Critical Flow and Supercritical Flow).
Друмлин	Геологическое образование, созданное в результате ледниковой активности, при которой хорошо перемешанный гравий разных размеров образует удлиненный холм в форме слезы по мере того как ледник тает; тупой конец холма указывает направление первоначального продвижения ледника над ландшафтом.	Drumlin	A geologic formation resulting from glacial activity in which a well-mixed gravel formation of multiple grain sizes that forms an elongated or ovular, teardrop shaped, hill as the glacier melts; the blunt end of the hill points in the direction the glacier originally moved over the landscape.
Ежедневный	Повторяющийся каждый день, например ежедневные задания, или же имеющий суточный цикл, например ежедневные морские приливы.	Diurnal	Recurring every day, such as diurnal tasks, or having a daily cycle, such as diurnal tides.
Жёсткость воды	Сумма ионов кальция и магния в воде; ионы других металлов также влияют на жесткость, но редко присутствуют в значительных концентрациях.	Water Hardness	The sum of the Calcium and Magnesium ions in the water; other metal ions also contribute to hardness but are seldom present in significant concentrations.

Русский	Русский	English	English
Заболоченная почва	Почва, которая постоянно или сезонно затоплена водой, в результате чего образуются анаэробные условия. Это используется для определения границ водно-болотных угодий.	Hydric Soil	Hydric soil is soil which is permanently or seasonally saturated by water, resulting in anaerobic conditions. It is used to indicate the boundary of wetlands.
Загрязнитель	Существительное, которое обозначает вещество, смешанное или находящееся в составе чистой субстанции; данный термин подразумевает негативное воздействие загрязнителя на качество или характеристики чистой субстанции.	Contaminant	A noun meaning a substance mixed with or incorporated into an otherwise pure substance; the term usually implies a negative impact from the contaminant on the quality or characteristics of the pure substance.
Загрязнять	Глагол, который означает добавление химического вещества или соединения в чистую субстанцию.	Contaminate	A verb meaning to add a chemical or compound to an otherwise pure substance.
Запертый поток (Запирание потока), Кризис течения	Запертый поток - это такой поток, при котором расход не может быть увеличен путем изменения давления начиная от клапана или сужения, а также после него. Течение после ограничения называется докритическим, течение до ограничения называется критическим.	Choked Flow	Choked flow is that flow at which the flow cannot be increased by a change in Pressure from before a valve or restriction to after it. Flow below the restriction is called Subcritical Flow, flow above the restriction is called Critical Flow.

Русский	Русский	English	English
Имаго	Окончательная взрослая стадия в развитии насекомых, как правило крылатых.	Imago	The final and fully developed adult stage of an insect, typically winged.
Индикаторный организм	Организмы, количество которых легко измерить; обычно присутствуют при наличии других патогенных организмов и отсутствуют, когда другие патогенные организмы отсутствуют.	Indicator Organism	An easily measured organism that is usually present when other pathogenic organisms are present and absent when the pathogenic organisms are absent.
Интенсивность городского острова тепла	Интенсивность городского острова тепла определяется как разница между температурой самой теплой городской зоны и базовой температурой прилегающей сельской местности.	Urban Heat Island Intensity	The difference between the warmest urban zone and the base rural temperature defines the intensity or magnitude of an Urban Heat Island.
Ион	Атом или молекула, в которой общее число электронов не равно общему числу протонов, что дает атому или молекуле суммарный положительный или отрицательный электрический заряд.	Ion	An atom or a molecule in which the total number of electrons is not equal to the total number of protons, giving the atom or molecule a net positive or negative electrical charge.
Кавитация	Кавитация—это процесс образования пустот с паром и небольших пузырьков в жидкости, в результате сил, действующих на жидкость. Обычно	Cavitation	Cavitation is the formation of vapor cavities, or small bubbles, in a liquid because of forces acting upon the liquid. It usually occurs when a liquid is subjected

Русский	Русский	English	English
	кавитация возникает, когда жидкость подвергается резким изменениям давления, например на задней стороне лопасти насоса, что приводит к образованию полостей с низким давлением.		to rapid changes of pressure, such as on the back side of a pump vane, that cause the formation of cavities where the pressure is relatively low.
Каирн (тур, гурий)	Сложенная человеком куча (груда) камней, которая используется в качестве ориентировочного знака в разных частях мира, на возвышенностях, болотистой местности, вблизи водных путей и морских скал, а также в пустынях и тундре.	Cairn	A human-made pile (or stack) of stones typically used as trail markers in many parts of the world, in uplands, on moorland, on mountaintops, near waterways and on sea cliffs, as well as in barren deserts and tundra.
Канализация	Инфраструктура, которая переносит сточные воды и включает в себя трубы, колодцы, водосборники и т.д.	Sewerage	The physical infrastructure that conveys sewage, such as pipes, manholes, catch basins, etc.
Капельный биофильтр	Тип системы очистки сточных вод, состоящий из неподвижного слоя из горных пород, лавы, кокса, гравия, шлака, полиуретановой пены, сфагнума, керамики или пластичной среды, по которому сточные воды, или другая загрязненная вода, медленно	Trickling Filter	A type of wastewater treatment system consisting of a fixed bed of rocks, lava, coke, gravel, slag, polyurethane foam, sphagnum peat moss, ceramic, or plastic media over which sewage or other wastewater is slowly trickled, causing a layer of microbial slime (biofilm) to grow,

Русский	Русский	English	English
	стекает, заставляя слой микробной слизи (биопленки) расти, покрывая неподвижный слой и удаляя питательные вещества и вредные бактерии.		covering the bed of media, and removing nutrients and harmful bacteria in the process.
Капиллярность	Стремление уровня жидкости, находящейся в капиллярной трубке или абсорбирующем материале, расти или падать в результате поверхностного натяжения.	Capillarity	The tendency of a liquid in a capillary tube or absorbent material to rise or fall as a result of surface tension.
Каровое озеро	Горное озеро, которое сформировалось в образованном ледником цирке	Tarn	A mountain lake or pool, formed in a cirque excavated by a glacier.
Катализ	Изменение, как правило в сторону увеличения, скорости химической реакции, в связи с присутствием дополнительного вещества, называющегося катализатором, которое не принимает участия в реакции, но изменяет скорость реакции.	Catalysis	The change, usually an increase, in the rate of a chemical reaction due to the participation of an additional substance, called a catalyst, which does not take part in the reaction but changes the rate of the reaction.
Катализатор	Вещество, которое вызывает катализ изменяя скорость химической реакции, при этом катализатор не расходуется во время реакции.	Catalyst	A substance that cause Catalysis by changing the rate of a chemical reaction without being consumed during the reaction.
Катион	Положительно заряженный ион	Cation	A positively charged ion.

Русский	Русский	English	English
Квантовая механика	Фундаментальный раздел физики, занимающийся процессами с участием атомов и фотонов.	Quantum Mechanics	A fundamental branch of physics concerned with processes involving atoms and photons.
Коагуляция	Объединение растворенных твердых веществ в небольшие взвешенные частицы, при очистке воды или сточных вод.	Coagulation	The coming together of dissolved solids into fine suspended particles during water or wastewater treatment.
Кокон	Кокон представляет собой твердую оболочку, которая окружает куколку, когда насекомые, например бабочки, развиваются.	Chrysalis	The chrysalis is a hard casing surrounding the pupa as insects such as butterflies develop.
Колиформ	Тип индикаторного организма, который используется для определения наличия или отсутствия патогенных организмов в воде.	Coliform	A type of Indicator Organism used to determine the presence or absence of pathogenic organisms in water.
Комплексообразующий агент	Смотри: Хелаты	Sequestering Agents	See: Chelates
Концентрация	Масса на единицу объема одного химического вещества, минерала или соединения, в другом.	Concentration	The mass per unit of volume of one chemical, mineral or compound in another.
Концентрация вещества	Молярность	Amount Concentration	Molarity
Концентрация вещества	Смотри: Молярность	Substance Concentration	See: Molarity

Русский	Русский	English	English
Координаци-онная связь	Ковалентная химическая связь между двумя атомами, которая образуется, когда один атом делит пару электронов с другим атомом, не имеющим такой пары; также называется координационной ковалентной связью.	Coordinate Bond	A covalent chemical bond between two atoms that is produced when one atom shares a pair of electrons with another atom lacking such a pair. Also called a coordinate covalent bond.
Котловина	Мелкий наполненный осадком водоем, образованный отступающим ледником или потоком паводковых вод. Котловины - это флювиогляциальные формы рельефа, которые возникают в результате откалывания блоков льда от передней части отступающего ледника и становятся полностью или частично засыпанными ледниковыми отложениями.	Kettle Hole	A shallow, sediment-filled body of water formed by retreating glaciers or draining flood-waters. Kettles are fluvioglacial land-forms occurring as the result of blocks of ice calving from the front of a receding glacier and becoming partially to wholly buried by glacial outwash.
Коэффициент Хазена — Вильямса	Эмпирическое соотношение, связывающее течение воды в трубе с физическими свойствами трубы и падением давления, вызванное трением.	Hazen-Williams Coefficient	An empirical relationship which relates the flow of water in a pipe with the physical properties of the pipe and the pressure drop caused by friction.

Русский	Русский	English	English
Кривая производительности	Данные, представленные на графике или диаграмме, чтобы указать третью величину на двумерном графике. Линии показывают производительность, с которой механическая система будет работать как функция от двух зависимых параметров, нанесенных на оси x и y; широко используется для указания коэффициента полезного действия насосов или моторов в различных режимах работы.	Efficiency Curve	Data plotted on a graph or chart to indicate a third dimension on a two-dimensional graph. The lines indicate the efficiency with which a mechanical system will operate as a function of two dependent parameters plotted on the x and y axes of the graph. Commonly used to indicate the efficiency of pumps or motors under various operating conditions.
Критическое состояние потока	Критическое состояние потока является частным случаем, когда число Фруда (безразмерная величина) равно 1; или скорость, разделенная на квадратный корень из (гравитационной постоянной, умноженной на глубину) = 1 (сравните со бурными и спокойными потоками).	Critical Flow	Critical flow is the special case where the Froude number (dimensionless) is equal to 1; or the velocity divided by the square root of (gravitational constant multiplied by the depth) = 1 (Compare to Supercritical Flow and Subcritical Flow).

Русский	Русский	English	English
Крот (Биология)	Мелкие млекопитающие, которые приспособлены к подземному образу жизни. Они имеют тела цилиндрической формы, бархатистый мех, очень маленькие незаметные глаза и уши, уменьшенные задние конечности и короткие мощные передние конечности с большими лапами, приспособленными для рытья.	Mole (Biology)	Small mammals adapted to a subterranean lifestyle. They have cylindrical bodies, velvety fur, very small, inconspicuous ears and eyes, reduced hindlimbs and short, powerful forelimbs with large paws adapted for digging.
Круговорот воды	Круговорот воды описывает непрерывное движение воды на, над и под поверхностью земли.	Water Cycle	The water cycle describes the continuous movement of water on, above and below the surface of the Earth.
Крутящий момент	Стремление крутящей силы к вращению объекта вокруг оси, точки опоры или точки вращения.	Torque	The tendency of a twisting force to rotate an object about an axis, fulcrum, or pivot.
Куколка	Стадия жизни некоторых насекомых, проходящих трансформацию. Стадия куколки встречается только у голометолических насекомых, которые проходят полный метаморфоз через четыре стадиижизни: эмбрион (яйцо), личинка, куколка и имаго.	Pupa	The life stage of some insects undergoing transformation. The pupal stage is found only in holometabolous insects, those that undergo a complete metamorphosis, going through four life stages: embryo, larva, pupa and imago.

Русский	Русский	English	English
Кум	Небольшая долина или цирк на горе.	Cwm	A small valley or cirque on a mountain.
Кучево-дождевое облако	Плотные, возвышающиеся, вертикальные облака, ассоциирующиеся с грозами и атмосферной неустойчивостью, образованные из водяных паров, перенесенных мощными восходящими воздушными потоками.	Cumulo-nimbus Cloud	A dense, towering, vertical cloud associated with thunderstorms and atmospheric instability, formed from water vapor carried by powerful upward air currents.
Ламинарное течение	В гидродинамике, ламинарное течение возникает, когда жидкость течет параллельными слоями без нарушений между ними. При малых скоростях, жидкость имеет тенденцию течь без поперечного смешения. При этом, отсутствуют поперечные потоки или течения, направленные перпендикулярно к направлению основного потока, также отсутствуют водовороты или завихрения.	Laminar Flow	In fluid dynamics, laminar flow occurs when a fluid flows in parallel layers, with no disruption between the layers. At low velocities, the fluid tends to flow without lateral mixing. There are no cross-currents perpendicular to the direction of flow, nor eddies or swirls of fluids.
Ледник	Медленно движущаяся масса или река льда, образовавшаяся в результате накопления и уплотнения снега на горах или вблизи полюсов.	Glacier	A slowly moving mass or river of ice formed by the accumulation and compaction of snow on mountains or near the poles.

Русский	Русский	English	English
Лиганд	В химии, лиганд это ион или молекула, присоединенная к атому металла координационной связью. В биохимии, лиганд это молекула, которая присоединяется к другой (обычно большего размера) молекуле.	Ligand	In chemistry, an ion or molecule attached to a metal atom by coordinate bonding. In biochemistry, a molecule that binds to another (usually larger) molecule.
Линзовидная ловушка	Определенное пространство в слое горной породы, в котором может накапливаться жидкость (обычно нефть).	Lens Trap	A defined space within a layer of rock in which a fluid, typically oil, can accumulate.
Макрофиты	Растения, главным образом водные растения, которые достаточно большие чтобы быть увиденными невооруженным глазом.	Macrophyte	A plant, especially an aquatic plant, large enough to be seen by the naked eye.
Марши	Водно-болотные угодья (болота), где преобладают травянистые, а не древесные виды растений; часто встречаются по краям озер и ручьев, где они образуют переход между водной и наземной экосистемами. На поверхности маршей преобладают травы, камыши и тростник. Древесные растения представлены	Marsh	A wetland dominated by herbaceous, rather than woody, plant species; often found at the edges of lakes and streams, where they form a transition between the aquatic and terrestrial ecosystems. They are often dominated by grasses, rushes or reeds. Woody plants present tend to be low-growing

Русский	Русский	English	English
	как правило низкорослыми кустарниками. Тип растительности является тем, что отличает марши от других видов водно-болотных угодий (болот).		shrubs. This vegetation is what differentiates marshes from other types of wetland such as swamps, and mires.
Масс-Спектроскопия	Форма анализа соединения, при которой световые лучи проходят через приготовленный образец жидкости для определения концентрации специфических загрязняющих веществ.	Mass Spectroscopy	A form of analysis of a compound in which light beams are passed through a prepared liquid sample to indicate the concentration of specific contaminants present.
МБР	Смотри: Мембранный Реактор	MBR	See: Membrane Reactor
Мезопауза	Граница между мезосферой и термосферой.	Mesopause	The boundary between the mesosphere and the thermosphere.
Мезосфера	Третий основной слой атмосферы Земли, который находится непосредственно над стратопаузой и непосредственно под мезопаузой. Верхняя граница мезосферы - это мезопауза, которая, возможно, является самым холодным местом на Земле, где температура опускается до $-100°C$ ($-146°F$ или 173 К).	Mesosphere	The third major layer of Earth atmosphere that is directly above the stratopause and directly below the mesopause. The upper boundary of the mesosphere is the mesopause, which can be the coldest naturally occurring place on Earth with temperatures as low as $-100°C$ ($-146°F$ or 173 K).

Русский	Русский	English	English
Мембранный Биореактор	Сочетание мембранных процессов, таких как микрофильтрация или ультрафиль-трация, с реактором с суспензионной культурой.	Membrane Bioreactor	The combination of a membrane process like microfiltration or ultrafiltration with a suspended growth bioreactor.
Мембранный Реактор	Физическое устройство, которое сочетает в себе процесс химического преобразования с процессом мембранного разделения для добавления реагентов или удаления продуктов реакции.	Membrane Reactor	A physical device that combines a chemical con-version process with a membrane separation process to add reactants or remove products of the reaction.
Метаморфи-ческие горные породы	Метаморфические горные породы - это породы, которые были подвергнуты воздействию температур, превышающих 150–200°C, и давлению более 1500 бар, приведших к глубоким физическим и/или химическим изменениям. Первоначальная порода может быть осадочной, магматической или другой, более старой, метаморфической горной породой.	Metamor-phic Rock	Metamorphic rock is rock which has been subjected to temperatures greater than 150 to 200°C and pressure greater than 1500 bars, causing pro-found physical and/or chemical change. The original rock may be sedimen-tary, igneous rock or another, older, metamorphic rock.

Русский	Русский	English	English
Метаморфоз	Биологический процесс, посредством которого животное физически развивается после рождения или вылупления, включая заметное и относительно резкое изменение строения тела за счет роста и дифференцировки клеток.	Metamor-phosis	A biological process by which an animal physically develops after birth or hatching, involving a conspicuous and relatively abrupt change in body structure through cell growth and differentiation.
Микроб	В биологии, микроорганизм, особенно тот, который вызывает болезнь. В сельском хозяйстве этот термин относится к семенам определенных растений.	Germ	In biology, a microorganism, especially one that causes disease. In agriculture, the term relates to the seed of specific plants.
Микроб	Микроскопические одноклеточные организмы.	Microbe	Microscopic single-cell organisms.
Микробный	Содержащий микробы; вызванный микробами; являющийся микробом.	Microbial	Involving, caused by, or being microbes.
Микроорга-низм	Микроскопический живой организм, который может быть одноклеточным или многоклеточным.	Microor-ganism	A microscopic living organism, which may be single celled or multicellular.
Миллиэкви-валент	Одна тысячная (10^{-3}) эквивалентного веса элемента, радикала или соединения.	Milliequiv-alent	One thousandth (10^{-3}) of the equivalent weight of an element, radical, or compound.

Русский	Русский	English	English
Моль (Химия)	Количество химического вещества, в котором содержится столько же атомов, молекул, ионов, электронов, или фотонов, как и в 12 граммах углерода-12 (^{12}C), изотопе углерода с относительной атомной массой 12. Это число выражается постоянной Авогадро, которая равна 6.02214129 × 10^{23} моль$^{-1}$.	Mole (Chemistry)	The amount of a chemical substance that contains as many atoms, molecules, ions, electrons, or photons, as there are atoms in 12 grams of carbon-12 (^{12}C), the isotope of carbon with a relative atomic mass of 12. This number is expressed by the Avogadro constant, which has a value of 6.02214129×10^{23} mol^{-1}.
Моляльная концентрация	Смотри: Моляльность	Molal Concentration	See: Molality
Моляльность	Моляльность, также называемая моляльной концентрацией, является мерой концентрации растворенного вещества в растворе, с точки зрения количества вещества в определенной массе растворителя.	Molality	Molality, also called molal concentration, is a measure of the concentration of a solute in a solution in terms of amount of substance in a specified mass of the solvent.
Молярная концентрация	Смотри: Молярность	Molar Concentration	See: Molarity
Молярность	Молярность является мерой концентрации растворенного вещества в растворе, или мерой концентрации любого другого химического соединения, с точки зрения массы вещества в заданном объеме. Широко	Molarity	Molarity is a measure of the concentration of a solute in a solution, or of any chemical species in terms of the mass of substance in a given volume. A commonly used unit for molar concentration used in chemistry

Русский	Русский	English	English
	используемая в химии единица измерения молярной концентрации - это моль/л. Также, раствор концентрацией 1 моль/л обозначается как одномолярный (1 М).		is mol/L. A solution of concentration 1 mol/L is also denoted as 1 molar (1 M).
Монетизация	Приведение немонетарных факторов к унифицированной денежной стоимости для справедливого сравнения альтернатив.	Monetiza-tion	The conversion of non-monetary factors to a standardized monetary value for purposes of equitable comparison between alternatives.
Морена	Нагромождения камней и осадка, отложенные ледником в виде гребней на его краях.	Moraine	A mass of rocks and sediment deposited by a glacier, typically as ridges at its edges or extremity.
Морские макрофиты	Морские макрофиты включают в себя тысячи видов макрофитов, в основном макроводоросли, морские травы и мангровые заросли, которые растут на мелководье в прибрежных зонах.	Marine Macrophyte	Marine macrophytes comprise thousands of species of macrophytes, mostly macroalgae, seagrasses, and mangroves, that grow in shallow water areas in coastal zones.
Морфология	Раздел биологии, который занимается изучением формы и строения организмов.	Morphol-ogy	The branch of biology that deals with the form and structure of an organism, or the form and structure of the organism thus defined.
МС	Масс-спектрофотометр	MS	A Mass Spectrophotometer

Русский	Русский	English	English
МТБЭ	Метил-трет-бутиловый эфир	MtBE	Methyl-tert-Butyl Ether
Мультиде-кадный	Временные рамки, которые простираются на более чем одно десятилетие.	Mul-tidecadal	A timeline that extends across more than one decade, or 10-year, span.
Нанотрубка	Нанотрубка представляет собой цилиндр из атомных частиц, диаметр которых составляет от одной до нескольких миллиардных долей метра (нанометров). Нанотрубка может быть изготовлена из различных материалов, однако чаще всего изготавливается из углерода.	Nanotube	A nanotube is a cylinder made up of atomic particles and whose diameter is around one to a few billionths of a meter (or nanometers). They can be made from a variety of materials, most commonly, Carbon.
Напор (Гидравли-ческий)	Сила, создаваемая столбом жидкости, выраженная высотой столба жидкости над точкой, где измеряют давление.	Head (Hydraulic)	The force exerted by a column of liquid expressed by the height of the liquid above the point at which the pressure is measured.
Низинное болото	Низменность, которая полностью или частично покрыта водой и обычно состоит из торфяных щелочных почв. Низинное болото может располагаться на склоне, плоской поверхности или впадине и получает воду от атмосферных осадков и поверхностных вод.	Fen	A low-lying land area that is wholly or partly covered with water and usually exhibits peaty alkaline soils. A fen is located on a slope, flat, or depression and gets its water from both rainfall and surface water.

Русский	Русский	English	English
Нулевой уровень выбросов углерода	Состояние, при котором итоговое количество углекислого газа или других углеродных соединений, выбрасываемых в атмосферу или используемых в ходе каких-либо процессов, одновременно уравновешивается мерами, принимаемыми для того чтобы уменьшить или компенсировать эти выбросы.	Carbon Neutral	A condition in which the net amount of carbon dioxide or other carbon compounds emitted into the atmosphere or otherwise used during a process or action is balanced by actions taken, usually simultaneously, to reduce or offset those emissions or uses.
Озонирование	Обработка или смешивание вещества/соединения с озоном.	Ozonation	The treatment or combination of a substance or compound with ozone.
Омбро-трофный	Обозначает в основном растения, которые получают большую часть воды из атмосферных осадков.	Ombro-trophic	Refers generally to plants that obtain most of their water from rainfall.
ООУ	Общий органический углерод; параметр, характеризующий загрязнённость воды органическими веществами.	TOC	Total Organic Carbon; a measure of the organic content of contaminants in water.
Опасные отходы	Опасные отходы - это отходы, которые создают существенные или потенциальные угрозы для здоровья населения или окружающей среды.	Hazardous Waste	Hazardous waste is waste that poses substantial or potential threats to public health or the environment.

Русский	Русский	English	English
Опреснение	Удаление солей из солевого раствора, чтобы получить питьевую воду.	Desalination	The removal of salts from a brine to create potable water.
Осадок (ил, шлам)	Твердая или полутвердая смесь, получаемая в качестве побочного продукта при процессах очистки сточных вод, или осевшая суспензия, получаемая при традиционных методах обработки питьевой воды и многих других промышленных процессах.	Sludge	A solid or semi-solid slurry produced as a by-product of wastewater treatment processes or as a settled suspension obtained from conventional drinking water treatment and numerous other industrial processes.
Осадочная порода	Тип горной породы, образованный в результате отложения материала на поверхности Земли и в водоемах через процессы седиментации.	Sedimentary Rock	A type of rock formed by the deposition of material at the Earth surface and within bodies of water through processes of sedimentation.
Осмос	Самопроизвольное движение растворенных молекул через полупроницаемую мембрану в направлении, которое стремится к выравниванию концентраций растворенного вещества по обе стороны мембраны.	Osmosis	The spontaneous net movement of dissolved molecules through a semi-permeable membrane in the direction that tends to equalize the solute concentrations both sides of the membrane.

Русский	Русский	English	English
Осмотическое давление	Минимальное давление, которое должно быть приложено к раствору, чтобы предотвратить направленное внутрь течение воды через полупроницаемую мембрану. Оно также определяется как мера стремления раствора принять воду через осмос.	Osmotic Pressure	The minimum pressure which needs to be applied to a solution to prevent the inward flow of water across a semipermeable membrane. It is also defined as the measure of the tendency of a solution to take in water by osmosis.
Остров Тепла	Смотри: Городской Остров Тепла	Heat Island	See: Urban Heat Island
Осцилляция, колебание	Повторяющиеся, как правило во времени, изменения некоторой величины вокруг какого-либо центра, равновесия, значения, или между двумя и более различными химическими или физическими состояниями.	Oscillation	The repetitive variation, typically in time, of some measure about a central or equilibrium, value or between two or more different chemical or physical states.
Отношение	Математическая зависимость между двумя числами, показывающая сколько раз первое число содержит в себе второе.	Ratio	A mathematical relationship between two numbers indicating how many times the first number contains the second.
Падение и рост	Уменьшаться и увеличиваться циклично, как морские приливы.	Ebb and Flow	To decrease then increase in a cyclic pattern, such as tides.

Русский	Русский	English	English
Парниковый газ	Газ в атмосфере, который поглощает и испускает излучение в пределах теплового инфракрасного диапазона; как правило, связан с разрушением озонового слоя в верхних слоях атмосферы Земли и удержанием тепловой энергии в атмосфере, ведущих к глобальному потеплению.	Greenhouse Gas	A gas in an atmosphere that absorbs and emits radiation within the thermal infrared range; usually associated with destruction of the ozone layer in the upper atmosphere of the earth and the trapping of heat energy in the atmosphere leading to global warming.
Паскаль	В СИ (Международной системе единиц), это единица измерения давления, внутреннего давления, напряжения, модуля Юнга и предела прочности на растяжение; обозначает давление, создаваемое силой 1 ньютон на площадь в 1 квадратный метр.	Pascal	The SI derived unit of pressure, internal pressure, stress, Young's modulus and ultimate tensile strength; defined as one newton per square meter.
Патоген	Организм, обычно бактерия или вирус, который вызывает или способен вызывать заболевания у людей.	Pathogen	An organism, usually a bacterium or a virus, which causes, or is capable of causing, disease in humans.
Перистальти-ческий насос	Тип объемного насоса, который используется для перекачки различных жидкостей. Жидкость содержится внутри гибкой трубки, помещённой в корпусе	Peristaltic Pump	A type of positive displacement pump used for pumping a variety of fluids. The fluid is contained within a flexible tube fitted inside a (usually) circular pump

Русский	Русский	English	English
	насоса круглой формы. Ротор, с расположенными по внешней окружности "роликами", "кулачками", или "лопастями", последовательно сжимает гибкую трубку, заставляя жидкость течь в одном направлении.		casing. A rotor with a variable number of "rollers", "shoes", "wipers", or "lobes" attached to the external circumference of the rotor compresses the flexible tube sequentially, causing the fluid to flow in one direction.
Перистые облака	Перистые облака представляют собой тонкие, редкие облака, которые обычно формируются на высоте более 18000 футов.	Cirrus Cloud	Cirrus clouds are thin, wispy clouds that usually form above 18,000 feet.
Пиролиз	Сгорание или быстрое окисление органического вещества в отсутствии свободного кислорода.	Pyrolysis	Combustion or rapid oxidation of an organic substance in the absence of free oxygen.
Позвоночные	Большая группа животных, которая отличается наличием позвоночника или позвоночного столба, включающая млекопитающих, птиц, рептилий, амфибий и рыб (сравните с беспозвоночными).	Vertebrates	An animal among a large group distinguished by the possession of a backbone or spinal column, including mammals, birds, reptiles, amphibians, and fishes. (Compare with invertebrate).
Полидентатный	Прикрепленный к центральному атому в координационном соединении двумя или более связями Смотри: Лиганды и Хелаты.	Polydentate	Attached to the central atom in a coordination complex by two or more bonds — See: Ligands and Chelates.

Русский	Русский	English	English
Поляризован-ный свет	Свет, который отражается или проходит через определенную среду так, что все колебания ограничены в одной плоскости.	Polarized Light	Light that is reflected or transmitted through certain media so that all vibrations are restricted to a single plane.
Поровая вода	Вода, удерживаемая в поровом пространстве между частицами почвы или твердых биологических отходов.	Interstitial Water	Water trapped in the pore spaces between soil or biosolid particles.
Поровое пространство	Пустоты или промежутки между частицами почвы.	Pore Space	The interstitial spaces between grains of soil in a soil mixture or profile.
Порфир	Термин, описывающий текстуру магматических горных пород, состоящих из крупных кристаллов, например полевого шпата или кварца, диспергированных в тонкозернистой матрице.	Porphyry	A textural term for an igneous rock consisting of large-grain crystals such as feldspar or quartz dispersed in a fine-grained matrix.
Порфировые породы	Любые магматические породы, которые имеют крупные кристаллы, внедрённые в более тонкозернистую массу минералов.	Porphyritic Rock	Any igneous rock with large crystals embedded in a finer groundmass of minerals.
Приливно-отливный	Подверженный влиянию океанских приливов и отливов	Tidal	Influenced by the action of ocean tides rising or falling

Русский	Русский	English	English
Протолит	Любая первоначальная горная порода, из которой образовалась метаморфическая порода.	Protolith	The original, unmetamorphosed rock from which a specific metamorphic rock is formed. For example, the protolith of marble is limestone, since marble is a metamorphosed form of limestone.
Пруд для доочистки сточных вод	Смотри: Биологический пруд-усреднитель.	Polishing Pond	See: Maturation Pond
ПХБ	Полихлорированный Бифенил	PCB	Polychlorinated Biphenyl
Пятнистость	Пятнистость почвы - это неоднородное изменение цвета в вертикальном профиле почвы; указывает на окисление, обычно вызванное контактом с подземными водами, а также показывает самый высокий сезонный уровень грунтовых вод.	Mottling	Soil mottling is a blotchy discoloration in a vertical soil profile; it is an indication of oxidation, usually attributed to contact with groundwater, which can indicate the depth to a seasonal high groundwater table.
Радар	Система обнаружения объектов, которая использует радиоволны чтобы определить диапазон, угол или скорость объектов.	Radar	An object-detection system that uses radio waves to determine the range, angle, or velocity of objects.
Реагент	Вещество, которое принимает участие и подвергается изменению в процессе химической реакции.	Reactant	A substance that takes part in and undergoes change during a chemical reaction.

Русский	Русский	English	English
Реактив	Вещество или смесь, предназначенное для использования в химическом анализе или других реакциях.	Reagent	A substance or mixture for use in chemical analysis or other reactions.
Реактивность	Реактивность обычно относится к химическим реакциям одного вещества, или же химическим реакциям двух и более веществ, взаимодействующих друг с другом.	Reactivity	Reactivity generally refers to the chemical reactions of a single substance or the chemical reactions of two or more substances that interact with each other.
Редокс	Сокращённое название окислительно-восстановительных реакций (англ. Redox - Reduction/Oxidation). Реакция восстановления всегда происходит совместно с реакцией окисления. Окислительно-восстановительные реакции включают в себя все химические реакции, в которых атомы изменяют свою степень окисления; в основном, окислительно-восстановительные реакции подразумевают передачу электронов между химическими частицами.	Redox	A contraction of the name for a chemical reduction-oxidation reaction. A reduction reaction always occurs with an oxidation reaction. Redox reactions include all chemical reactions in which atoms have their oxidation state changed; in general, redox reactions involve the transfer of electrons between chemical species.

Русский	Русский	English	English
Рентабельный, экономически выгодный	Приносящий хорошие результаты на сумму потраченных денег; экономичный или эффективный.	Cost-Effective	Producing good results for money spent; economical or efficient.
Роющие	Относящиеся к животным, которые приспособлены для рытья и жизни под землей, такие как барсук, голый землекоп, кротовые саламандры, и другие подобные существа.	Fossorial	Relating to an animal that is adapted to digging and life underground such as the badger, the naked mole-rat, the mole salamanders and similar creatures.
САО (Северо-Атлантическая Осцилляция)	Метеорологический феномен в северной части Атлантического океана, который выражается в колебаниях атмосферного давления на уровне моря между низким давлением возле Исландии и высоким давлением у Азорских островов, что контролирует силу и направление западных ветров и штормов во всей Северной Атлантике.	NAO (North Atlantic Oscillation)	A weather phenomenon in the North Atlantic Ocean of fluctuations in atmospheric pressure differences at sea level between the Icelandic low and the Azores high that controls the strength and direction of westerly winds and storm tracks across the North Atlantic.
Сапрофит	Растение, гриб или микроорганизм, который живет на мертвом или распадающемся органическом веществе.	Saprophyte	A plant, fungus, or microorganism that lives on dead or decaying organic matter.

Русский	Русский	English	English
Сверхкритичес-кий (бурный) поток	Бурный поток является частным случаем, когда число Фруда (безразмерная величина) больше 1, т.е. скорость, разделенная на квадратный корень из (гравитационной постоянной умноженной на глубину) = >1 (Сравните со спокойным и критическим потоками).	Super-critical flow	Supercritical flow is the special case where the Froude number (dimen-sionless) is greater than 1. i.e. The velocity divided by the square root of (gravitational constant multiplied by the depth) = >1 (Compare to Sub-critical Flow and Critical Flow).
Северный кольцевой режим	Модель изменения климата в атмосферных потоках Северного полушария, которая не связана с сезонными циклами.	Northern Annular Mode	A hemispheric-scale pattern of climate variability in atmospheric flow in the northern hemisphere that is not associated with seasonal cycles.
Седиментация	Стремление частиц в суспензии выпасть в осадок и упереться в преграду под воздействием силы тяжести, центробежного ускорения или электромагнетизма.	Sedimenta-tion	The tendency for particles in suspen-sion to settle out of the fluid in which they are entrained and come to rest against a barrier due to the forces of gravity, centrifugal acceleration, or electromagnetism.
"Серая вода"	"Серая вода" - это использованная вода из ванных раковин, душевых кабин, ванн и стиральных машин. Это вода, которая не имела контакта с фекалиями, как из туалета, так и от мытья подгузников.	Grey Water	Greywater is gently used water from bathroom sinks, showers, tubs, and washing machines. It is water that has not come into contact with feces, either from the toi-let or from washing diapers.

Русский	Русский	English	English
Сжигание попутного газа	Сжигание горючих газов, получаемых от производственных объектов и свалок, для предотвращения загрязнения атмосферы.	Flaring	The burning of flammable gasses released from manufacturing facilities and landfills to prevent pollution of the atmosphere from the released gases.
Сила инерции	Сила, ощущаемая наблюдателем в ускоряющейся или вращающейся системе отсчета, которая служит подтверждением обоснованности законов движения Ньютона; например ощущение тяги назад в ускоряющемся автомобиле.	Inertial Force	A force as perceived by an observer in an accelerating or rotating frame of reference, that serves to confirm the validity of Newton's laws of motion, e.g. the perception of being forced backward in an accelerating vehicle.
Синтез	Соединение разъединенных частей или элементов в единое целое; создание нового вещества путем смешивания или разложения химических элементов, групп или соединений; объединение различных концепций в связное целое.	Synthesis	The combination of disconnected parts or elements so as to form a whole; the creation of a new substance by the combination or decomposition of chemical elements, groups, or compounds; or the combining of different concepts into a coherent whole.
Синтезировать	Создавать что-нибудь, соединяя разные вещи или смешивая простые вещества с помощью химических процессов	Synthesize	To create something by combining different things together or to create something by combining simpler substances through a chemical process.

Русский	Русский	English	English
Соль (химия)	Любое химическое соединение, образующееся в результате реакции кислоты с основанием, при которой водород в кислоте полностью или частично заменен металлом или другим катионом.	Salt (Chemistry)	Any chemical compound formed from the reaction of an acid with a base, with all or part of the hydrogen of the acid replaced by a metal or other cation.
Сопряжённая кислота	Разновидность, образованная при присоединении протона к основанию; по существу, основание с добавленным к нему ионом водорода.	Conjugate Acid	A species formed by the reception of a proton by a base; in essence, a base with a hydrogen ion added to it.
Сопряжённое основание	Разновидность, образованная при отделении протона от кислоты; по существу, кислота без иона водорода.	Conjugate Base	A species formed by the removal of a proton from an acid; in essence, an acid minus a hydro-gen ion.
Спектрометр	Лабораторный прибор, используемый для измерения концентрации различных загрязняющих веществ в жидкостях путем химического изменения цвета загрязнителя, а затем пропускания светового луча через образец. Специальный тест, запрограмми-рованный в прибор, считывает интенсивность и плотность цвета в образце в виде	Spectrom-eter	A laboratory instrument used to measure the concentration of various contami-nants in liquids by chemically altering the color of the contaminant in question and then passing a light beam through the sample. The specific test programmed into the instrument reads the intensity and density of the color in the sample as a concentration

Русский	Русский	English	English
	концентрации этого загрязняющего вещества в жидкости.		of that contaminant in the liquid.
Спектро-фотометр	Спектрометр	Spectropho-tometer	A Spectrometer
Ставка доходности	Прибыль от инвестиции, большей частью основанная на изменении в её стоимости, включающая в себя проценты, дивиденды или другие денежные средства, полученные инвестором от инвестиции.	Rate of Return	A profit on an investment, generally comprised of any change in value, including interest, dividends or other cash flows which the investor receives from the investment.
Стехиометрия	Расчет относительных количеств реагентов и продуктов в химических реакциях.	Stoichiom-etry	The calculation of relative quantities of reactants and products in chemical reactions.
Стоимость жизненного цикла	Метод оценки общей стоимости владения сооружением или артефактом. Он учитывает все затраты на приобретение, владение и утилизацию здания, системы здания или другого артефакта. Этот метод особенно полезен, когда для максимизации экономии сравнивают альтернативные варианты проекта, которые удовлетворяют одни и те же технические требования, но имеют различные начальные и эксплуатационные расходы.	Life-Cycle Costs	A method for assessing the total cost of facility or artifact ownership. It takes into account all costs of acquiring, owning, and disposing of a building, building system, or other artifact. This method is especially useful when project alternatives that fulfill the same performance requirements, but have different initial and operating costs, are to be compared to maximize net savings.

Русский	Русский	English	English
Сточные воды (отходы)	Переносимые водой отходы, в виде раствора или суспензии, как правило, содержащие человеческие экскременты и другие компоненты.	Sewage	A water-borne waste, in solution or suspension, generally including human excrement and other waste-water components.
Сточные воды	Вода, которая была загрязнена и больше не подходит для использования по своему предназначению.	Wastewater	Water which has become contam-inated and is no longer suitable for its intended purpose.
Стратосфера	Второй крупный слой атмосферы Земли, который располагается над тропосферой и под мезосферой.	Strato-sphere	The second major layer of Earth atmo-sphere, just above the troposphere, and below the meso-sphere.
Струйное течение	Сильные и узкие воздушные потоки, наблюдаемые в тропосфере или верхних слоях атмосферы. Основные струйные течения в Соединенных Штатах находятся на высоте тропопаузы и протекают в целом с запада на восток.	Jet Stream	Fast flowing, narrow air currents found in the upper atmosphere or troposphere. The main jet streams in the United States are located near the altitude of the tropopause and flow generally west to east.
Твердые бытовые отходы	Мусор (широко известен как "trash" или "garbage" в Соединенных Штатах, а также как "refuse" или "rubbish" в Великобритании) - это вид отходов, состоящий из бытовых предметов,	Municipal Solid Waste	Commonly known as trash or garbage in the United States and as refuse or rubbish in Britain, is a waste type consisting of everyday items that are discarded by the public. "Garbage" can also refer

Русский	Русский	English	English
	выброшенных людьми. "Garbage" может также относиться конкретно к пищевым отходам.		specifically to food waste.
Термодина-мика	Раздел физики, изучающий теплоту и температуру, а также их связь с энергией и работой	Thermody-namics	The branch of physics concerned with heat and tem-perature and their relation to energy and work.
Термодинами-ческий процесс	Прохождение термодинамической системой от начального к конечному состоянию термодинамического равновесия	Thermo-dynamic Process	The passage of a thermodynamic system from an initial to a final state of thermodynamic equilibrium.
Термомехани-ческая конверсия	Означает преобразование тепловой энергии в механическую работу, или предназначается для этих целей.	Thermo-mechanical Conversion	Relating to or designed for the transformation of heat energy into mechanical work.
Термосфера	Слой атмосферы Земли, который расположен непосредственно над мезосферой и непосредственно под экзосферой. В пределах этого слоя ультрафиолетовое излучение вызывает фотоионизацию и фотодиссоциацию присутствующих молекул. Нижняя граница термосферы распложена на высоте около 85 километров (53 мили) над Землей	Thermo-sphere	The layer of Earth atmosphere directly above the mesosphere and directly below the exosphere. Within this layer, ultravio-let radiation causes photoionization and photodissociation of molecules present. The thermosphere begins about 85 kilometers (53 mi) above the Earth.

Русский	Русский	English	English
Торф (Торфяной мох)	Коричневый почвоподобный материал, характерный для болотистых кислых почв и состоящий из частично разложившихся растительных веществ; широко используется в садоводстве и в качестве топлива.	Peat (Moss)	A brown, soil-like material characteristic of boggy, acid ground, consisting of partly decomposed vegetable matter; widely cut and dried for use in gardening and as fuel.
Тропопауза	Граница в атмосфере между тропосферой и стратосферой.	Tropopause	The boundary in the atmosphere between the troposphere and the stratosphere.
Тропосфера	Самая низкая часть атмосферы; содержит около 75% от массы атмосферы и 99% водяного пара и аэрозолей. Средняя глубина составляет около 17 км (11 миль) в средних широтах, до 20 км (12 миль) в тропиках, и около 7 км (4,3 мили) вблизи полярных областей в зимний период.	Troposphere	The lowest portion of atmosphere; containing about 75% of the atmospheric mass and 99% of the water vapor and aerosols. The average depth is about 17 km (11 mi) in the middle latitudes, up to 20 km (12 mi) in the tropics, and about 7 km (4.3 mi) near the polar regions, in winter.
Углеродная нанотрубка	Смотри: Нанотрубка	Carbon Nanotube	See: Nanotube
Удельная плотность	Отношение плотности данного вещества к плотности эталонного вещества; или отношение массы на единицу объема данного вещества, к массе на единицу объема эталонного вещества.	Specific Gravity	The ratio of the density of a substance to the density of a reference substance; or the ratio of the mass per unit volume of a substance to the mass per unit volume of a reference substance.

Русский	Русский	English	English
Удельный вес	Вес единицы объема материала или вещества.	Specific Weight	The weight per unit volume of a material or substance.
Умягчение воды	Удаление ионов кальция и магния из воды (вместе с любыми другими ионами металлов, присутствующих в значительных количествах).	Water Softening	The removal of Calcium and Magnesium ions from water (along with any other significant metal ions present).
Уравнение непрерывности	Математическое выражение закона о сохранении масс; используется в физике, гидравлике и т.п., для расчета изменений, в состоянии когда масса исследуемой системы неизменна.	Continuity Equation	A mathematical expression of the Conservation of Mass theory; used in physics, hydraulics, etc., to calculate changes in state that conserve the overall mass of the system being studied.
Уровень грунтовых вод	Глубина, на которой поры в почве или трещины и пустоты в горных породах полностью насыщены водой.	Groundwater Table	The depth at which soil pore spaces or fractures and voids in rock become completely saturated with water.
"Уровень загрязнителя"	Неправильное употребление термина, которое ошибочно используется для обозначения концентрации загрязнителя.	Contaminant Level	A misnomer incorrectly used to indicate the concentration of a contaminant.
УФ	Ультрафиолетовый свет	UV	Ultraviolet Light
Факультативный организм	Организм, который может размножаться при аэробных или анаэробных условиях; как правило, одно или другое условие	Facultative Organism	An organism that can propagate under either aerobic or anaerobic conditions; usually one or the other conditions is favored: as

Русский	Русский	English	English
	преобладает: Факультативный Аэроб или Факультативный Анаэроб.		Facultative Aerobe or Facultative Anaerobe.
Фенокристалл	Наиболее крупные кристаллы в порфировых породах.	Phenocryst	The larger crystals in a porphyritic rock.
Флокуляция	Объединение мелких взвешенных частиц, находящихся в воде или сточных водах, в агрегаты достаточно большие, чтобы выпасть в осадок в процессе седиментации.	Floccula-tion	The aggregation of fine suspended particles in water or wastewater into particles large enough to settle out during a sedimentation process.
Флювиогляци-альные формы рельефа	Формы рельефа, сформированные талой ледниковой водой, например друмлины и эскеры.	Fluviogla-cial Land-forms	Landforms molded by glacial meltwater, such as drumlins and eskers.
Фотосинтез	Процесс, используемый растениями и другими организмами для преобразования энергии света, как правило, солнечного света, в химическую энергию, которая может быть использована организмом для стимуляции роста и размножения.	Photosyn-thesis	A process used by plants and other organisms to convert light energy, normally from the Sun, into chemical energy that can be used by the organism to drive growth and propagation.
Фрекинг	Гидравлический разрыв пласта представляет собой метод стимулирования	Fracking	Hydraulic fracturing is a well-stimulation technique in which rock is fractured by a pressurized liquid.

Русский	Русский	English	English
	скважины, при котором горная порода разрывается под давлением, созданным жидкостью.		
Хеланты	Химические соединения в виде гетероциклических колец, содержащие ион металла, соединенный координационными связями по меньшей мере с двумя неметаллическими ионами.	Chelants	A chemical compound in the form of a heterocyclic ring, containing a metal ion attached by coordinate bonds to at least two nonmetal ions.
Хелат	Химическое соединение содержащее лиганд (обычно органический), связанный с центральным атомом металла в двух или более местах.	Chelate	A compound containing a ligand (typically organic) bonded to a central metal atom at two or more points.
Хелатирование	Тип химической связи ионов и молекул с ионами металлов, который включает в себя образование или наличие двух и более отдельных координационных связей между полидентатным лигандом и одним центральным атомом; как правило, органическое соединение.	Chelation	A type of bonding of ions and molecules to metal ions that involves the formation or presence of two or more separate coordinate bonds between a polydentate (multiple bonded) ligand and a single central atom; usually an organic compound.

Русский	Русский	English	English
Хелатирующие агенты	Хелатирующие агенты представляют собой химические вещества или химические соединения, которые вступают в реакцию с тяжелыми металлами, перестраивают их химический состав и увеличивают вероятность их связи с другими металлами, питательными веществами или соединениями. Металл, оставшийся после того как это происходит, называется "хелат."	Chelating Agents	Chelating agents are chemicals or chemical compounds that react with heavy metals, rearranging their chemical composition and improving their likelihood of bonding with other metals, nutrients, or substances. When this happens, the metal that remains is known as a "chelate."
Хелаторы	Связующее вещество, которое подавляет химическую активность путем образования хелатов.	Chelators	A binding agent that suppresses chemical activity by forming chelates.
Химическое восстановление	Приобретение электронов молекулой, атомом или ионом, в процессе химической реакции.	Chemical Reduction	The gain of electrons by a molecule, atom or ion during a chemical reaction.
Химическое окисление	Потеря электронов молекулой, атомом или ионом, в процессе химической реакции.	Chemical Oxidation	The loss of electrons by a molecule, atom or ion during a chemical reaction.
Хлорирование	Процесс добавления хлора в воду или другую субстанцию, как правило, для дезинфекции.	Chlorination	The act of adding chlorine to water or other substances, typically for purposes of disinfection.

Русский	Русский	English	English
Хлорирование до точки перелома	Способ определения минимальной концентрации хлора, необходимой в системе водоснабжения для преодоления химических потребностей таким образом, чтобы дополнительный хлор был доступен для дезинфекции воды.	Breakpoint Chlorination	A method for determining the minimum concentration of chlorine needed in a water supply to overcome chemical demands so that additional chlorine will be available for disinfection of the water.
ХПК	Химическое Потребление Кислорода; показатель содержания загрязняющих веществ в воде.	COD	Chemical Oxygen Demand; a measure of the strength of chemical contaminants in water.
Центробежная сила	Термин в ньютоновской (классической) механике, используемый для обозначения силы инерции, направленной в сторону от оси вращения, и действующей на все объекты, если они рассматриваются во вращающейся системе отсчета.	Centrifugal Force	A term in Newtonian mechanics used to refer to an inertial force directed away from the axis of rotation that appears to act on all objects when viewed in a rotating reference frame.
Центростремительная сила	Сила, которая заставляет тело следовать изогнутой траектории. Она всегда действует под прямым углом по отношению к движению тела и направлена в	Centripetal Force	A force that makes a body follow a curved path. Its direction is always at a right angle to the motion of the body and towards the instantaneous center of curvature

Русский	Русский	English	English
	сторону мгновенного центра кривизны траектории. Исаак Ньютон описал её как "сила, с которою тела к некоторой точке, как к центру, отовсюду притягиваются, гонятся или как бы то ни было стремятся."		of the path. Isaac Newton described it as "a force by which bodies are drawn or impelled, or in any way tend, towards a point as to a center."
Цирк	Долина в форме амфитеатра, сформированная на склоне горы в результате эрозии ледника.	Cirque	An amphitheater-like valley formed on the side of a mountain by glacial erosion.
Черная вода	Канализационные или другие сточные воды, загрязненные продуктами человеческой жизнедеятельности.	Black water	Sewage or other wastewater contaminated with human wastes.
Число Рейнольдса	Безразмерная величина, показывающая относительную турбулентность потока жидкости. Оно пропорционально силе внутреннего трения и используется в расчетах импульса, теплоты и массообмена для учета динамического подобия.	Reynold's Number	A dimensionless number indicating the relative turbulence of flow in a fluid. It is proportional to {(inertial force)/(viscous force)} and is used in momentum, heat, and mass transfer to account for dynamic similarity.
Число Фруда	Безразмерная величина, которая определяется как отношение характерной скорости	Froude Number	A dimensionless number defined as the ratio of a characteristic velocity to a gravitational wave

Русский	Русский	English	English
	к скорости гравитационной волны. Также, может быть определено как отношение инерции тела к гравитационным силам. В гидродинамике число Фруда используется для определения сопротивления частично погруженного в воду объекта, движущегося в жидкости.		velocity. It may also be defined as the ratio of the inertia of a body to gravitational forces. In fluid mechanics, the Froude number is used to determine the resistance of a partially submerged object moving through a fluid.
Эвтрофикация	Реакция экосистемы на добавление искусственных или натуральных питательных веществ, главным образом нитратов и фосфатов, в водную систему; такое "цветение", или большое увеличение фитопланктона в водоеме, возникает в ответ на повышение уровня питательных веществ. Данный термин обычно подразумевает старение экосистемы и преобразование открытой воды в пруду или озере в заболоченную местность, затем в низинное болото и, в итоге, в покрытую лесом возвышенность.	Eutrophica-tion	An ecosystem response to the addition of artificial or natural nutrients, mainly nitrates and phosphates to an aquatic system; such as the "bloom" or great increase of phytoplankton in a water body as a response to increased levels of nutrients. The term usually implies an aging of the ecosystem and the transition from open water in a pond or lake to a wetland, then to a marshy swamp, then to a fen, and ultimately to upland areas of forested land.

Русский	Русский	English	English
Экзосфера	Тонкий слой, окружающий как атмосфера Землю, где молекулы гравитационно связаны с планетой, но где плотность слишком мала для того чтобы они вели себя как газ, сталкиваясь друг с другом.	Exosphere	A thin, atmosphere-like volume surrounding Earth where molecules are gravitationally bound to the planet, but where the density is too low for them to behave as a gas by colliding with each other.
Экзотермические Реакции	Химические реакции, которые выделяют энергию в виде света или тепла.	Exothermic Reactions	Chemical reactions that release energy by light or heat.
Экология	Научный анализ и изучение взаимодействия между организмами и окружающей их средой.	Ecology	The scientific analysis and study of interactions among organisms and their environment.
Экономика	Раздел науки, связанный с производством, потреблением и перемещением материальных ценностей.	Economics	The branch of knowledge concerned with the production, consumption, and transfer of wealth.
Эль-Ниньо	Теплая фаза Южной Осцилляции Эль-Ниньо, связана с появлением пояса теплой океанической воды, который образовывается в центральной и восточно-центральной экваториальной части Тихого океана, в том числе у тихоокеанского побережья Южной Америки. Эль-Ниньо сопровождается	El Niño	The warm phase of the El Niño Southern Oscillation, associated with a band of warm ocean water that develops in the central and east-central equatorial Pacific, including off the Pacific coast of South America. El Niño is accompanied by high air pressure in the western Pacific and low air pressure in the eastern Pacific.

Русский	Русский	English	English
	высоким давлением воздуха в западной части Тихого океана, и низким давлением воздуха в восточной части Тихого океана.		
Эль-Нинья	Прохладная фаза Южной Осцилляции Эль-Ниньо, связана с температурой поверхности моря ниже средних значений в восточной части Тихого океана, а также с высоким давлением воздуха в восточной, и низким давлением воздуха в западной части Тихого океана.	El Niña	The cool phase of El Niño Southern Oscillation associated with sea surface temperatures in the eastern Pacific below average and air pressures high in the eastern and low in western Pacific.
Эндотерми-ческие реакции	Процесс или реакция, в которой система поглощает энергию из окружающей среды; обычно, но не всегда, в виде тепла.	Endo-thermic Reactions	A process or reaction in which a system absorbs energy from its surroundings; usually, but not always, in the form of heat.
Энтальпия	Мера энергии в термодинамической системе.	Enthalpy	A measure of the energy in a thermodynamic system.
Энтомология	Раздел зоологии, занимающийся изучением насекомых.	Entomol-ogy	The branch of zoology that deals with the study of insects.
Энтропия	Термодинамическая величина, показывающая недоступность тепловой энергии в системе для преобразования в механическую работу, часто интерпретируется как степень беспорядка	Entropy	A thermodynamic quantity representing the unavailability of the thermal energy in a system for conversion into mechanical work, often interpreted as the degree of disorder or randomness in the system. Per

Русский	Русский	English	English
	или хаотичности в системе. Согласно второму закону термодинамики, энтропия изолированной системы никогда не уменьшается.		the second law of thermodynamics, the entropy of an isolated system never decreases.
Эон	Очень длительный период времени, как правило измеряется в миллионах лет.	Eon	A very long time period, typically measured in millions of years.
Эпифит	Растение, которое растет над поверхностью земли и поддерживается не паразитически с помощью других растений или предметов, а также получает питательные вещества из дождевой воды, воздуха и пыли; "воздушное растение."	Epiphyte	A plant that grows above the ground, supported non-parasitically by another plant or object and deriving its nutrients and water from rain, air, and dust; an "Air Plant."
Эскер	Длинный узкий гребень из песка и гравия, иногда с валунами, образованный потоком талой воды от малоактивного тающего ледника.	Esker	A long, narrow ridge of sand and gravel, sometimes with boulders, formed by a stream of water melting from beneath or within a stagnant, melting, glacier.
Эстетика	Наука о красоте и вкусах, а также об интерпретациях произведений искусства и художественных течений.	Aesthetics	The study of beauty and taste, and the interpretation of works of art and art movements.
Эстуарий	Устье реки, где встречаются приливное и речное течения.	Estuary	A water passage where a tidal flow meets a river flow.

Русский	Русский	English	English
Эфир	Тип органического соединения, как правило, с ярко выраженным запахом, образованный в результате взаимодействия кислоты и спирта.	Ester	A type of organic compound, typically quite fragrant, formed from the reaction of an acid and an alcohol.
Эффузия	Излияние или истечение какой-либо жидкости, света или запаха; как правило, связано с небольшой утечкой или потерей в сравнении с большим объёмом.	Effusion	The emission or giving off of something such as a liquid, light, or smell, usually associated with a leak or a small discharge relative to a large volume.
Южная Осцилляция Эль-Ниньо	Южная Осцилляция Эль-Ниньо относится к циклу перемен теплых и холодных температур, измеряемых на поверхности воды в центральной тропической и восточной частях Тихого океана.	El Niño Southern Oscillation	The El Niño Southern Oscillation refers to the cycle of warm and cold temperatures, as measured by sea surface temperature, of the tropical central and eastern Pacific Ocean.
Южный кольцевой режим	Модель изменения климата в атмосферных потоках Южного полушария, которая не связана с сезонными циклами.	Southern Annular Flow	A hemispheric-scale pattern of climate variability in atmospheric flow in the southern hemisphere that is not associated with seasonal cycles.
AnMBR	Анаэробный Мембранный Биореактор	AnMBR	Anaerobic Membrane Bioreactor
Biorecro	Запатентованный процесс, при котором CO_2 удаляется из атмосферы и хранится под землей.	Biorecro	A proprietary process that removes CO_2 from the atmosphere and store it permanently below ground.

Русский	Русский	English	English
ENSO	Эль-Ниньо Южная Осцилляция	ENSO	El Niño Southern Oscillation
FOG (Очистка сточных вод)	Жиры, масла и смазки	FOG (Waste-water Treatment)	Fats, Oil, and Grease
GPR	Георадар	GPR	Ground Penetrating Radar
GPS	Глобальная система позиционирования; космическая навигационная система, которая предоставляет информацию о местоположении и времени в любых погодных условиях и в любом месте на поверхности или рядом с поверхностью Земли, где возможно беспрепятственное одновременное нахождение в зоне прямой видимости четырех или более спутников GPS.	GPS	The Global Positioning System; a space-based navigation system that provides location and time information in all weather conditions, anywhere on or near the Earth where there is a simultaneous unobstructed line of sight to four or more GPS satellites.
HAWT	Ветрогенератор с горизонтальной осью вращения	HAWT	Horizontal Axis Wind Turbine
Lidar (Лидар)	Лидар (также пишется LIDAR, LiDAR или LADAR) является технологией дистанционного зондирования, которая измеряет расстояние при освещении мишени с помощью лазера и анализе отраженного света.	Lidar	Lidar (also written LIDAR, LiDAR or LADAR) is a remote sensing technology that measures distance by illuminating a target with a laser and analyzing the reflected light.

Русский	Русский	English	English
OHM	Нефть и опасные вещества	OHM	Oil and Hazardous Materials
pH	Мера концентрации ионов водорода в воде; является показателем кислотности воды.	pH	A measure of the hydrogen ion concentration in water; an indication of the acidity of the water.
pOH	Мера концентрации гидроксильных ионов в воде; показатель щелочности воды.	pOH	A measure of the hydroxyl ion concentration in water; an indication of the alkalinity of the water.
UHI	Городской остров тепла	UHI	Urban Heat Island
UHII	Интенсивность городского острова тепла	UHII	Urban Heat Island Intensity
VAWT	Ветрогенератор с вертикальной осью вращения	VAWT	Vertical Axis Wind Turbine
Vena Contracta	Точка в потоке жидкости, где диаметр, или поперечное сечение потока, является наименьшим, и скорость жидкости достигает максимума, например при выходе струи из насадка или другого отверстия.	Vena Contracta	The point in a fluid stream where the diameter of the stream, or the stream cross-section, is the least, and fluid velocity is at its maximum, such as with a stream of fluid exiting a nozzle or other orifice opening.

REFERENCES

Das, G. 2016. *Hydraulic Engineering Fundamental Concepts.* New York: Momentum Press, LLC.

Freetranslation.com. August 2016. Retrieved from www.freetranslation.com

Hopcroft, F. 2015. *Wastewater Treatment Concepts and Practices.* New York: Momentum Press, LLC.

Hopcroft, F. 2016. *Engineering Economics for Environmental Engineers.* New York: Momentum Press, LLC.

Kahl, A. 2016. *Introduction to Environmental Engineering.* New York: Momentum Press, LLC.

Physics Link. n.d. Retrieved June 12, 2016, from www.physlink.com/education/askexperts/ae66.cfm

Pickles, C. 2016. *Environmental Site Investigation.* New York: Momentum Press, LLC.

Plourde, J.A. 2014. *Small-Scale Wind Power Design, Analysis, and Environmental Impacts.* New York: Momentum Press, LLC.

Sirokman, A.C. 2016. *Applied Chemistry for Environmental Engineering.* New York: Momentum Press, LLC.

Sirokman, A.C. 2016. *Chemistry for Environmental Engineering.* New York: Momentum Press, LLC.

The McGraw-Hill Companies, Inc. 2003. *McGraw-Hill Dictionary of Scientific & Technical Terms, 6E.* New York: The McGraw-Hill Companies, Inc.

Webster's New Twentieth Century Dictionary, Unabridged, 2nd Ed. 1979. William Collins Publishers, Inc.

Wikipedia. March 2016. Wikipedia.org. Retrieved from www.wikipedia.org/

Бобылева, С.В. 2014. *Английский язык для экологов и биотехнологов.* Москва: ФЛИНТА

Ветошкин, А.Г. 2015. *Технология защиты окружающей среды.* Москва: ИНФРА-М

Голдберг, А.С. 2006. *Англо-русский энергетический словарь.* Москва: РУССО

Мюллер, В.К. 2013. *Новый англо-русский политехнический словарь. 100 000 слов и словосочетаний.* Москва: Дом славянской книги

Нестеров, Е.С. 2013. *Североатлантическое колебание: атмосфера и океан.* Москва: Триада

Тимофеев, П.П. 2002. *Англо-русский геологический словарь.* Москва: РУССО

OTHER TITLES IN OUR ENVIRONMENTAL ENGINEERING COLLECTION

Francis J. Hopcroft, Wentworth Institute of Technology, Editor

Engineering Economics for Environmental Engineers
by Francis J. Hopcroft

Ponds, Lagoons, and Wetlands for Wastewater Management
by Matthew E. Verbyla

Environmental Engineering Dictionary of Technical Terms and Phrases:
English to French and French to English
by Francis J. Hopcroft, Valentina Barrios-Villegas,
and Sarah El Daccache

Environmental Engineering Dictionary of Technical Terms and Phrases:
English to Romanian and Romanian to English
by Francis J. Hopcroft and Cristina Cosma

Environmental Engineering Dictionary of Technical Terms and Phrases:
English to Mandarin and Mandarin to English
by Francis J. Hopcroft, Zhao Chen, and Bolin Li

Momentum Press is one of the leading book publishers in the field of engineering,
mathematics, health, and applied sciences. Momentum Press offers over 30 collections,
including Aerospace, Biomedical, Civil, Environmental, Nanomaterials, Geotechnical,
and many others.

Momentum Press is actively seeking collection editors as well as authors. For more
information about becoming an MP author or collection editor, please visit
http://www.momentumpress.net/contact

Announcing Digital Content Crafted by Librarians

Momentum Press offers digital content as authoritative treatments of advanced engineering top-
ics by leaders in their field. Hosted on ebrary, MP provides practitioners, researchers, faculty,
and students in engineering, science, and industry with innovative electronic content in sensors
and controls engineering, advanced energy engineering, manufacturing, and materials science.

Momentum Press offers library-friendly terms:

- perpetual access for a one-time fee
- no subscriptions or access fees required
- unlimited concurrent usage permitted
- downloadable PDFs provided
- free MARC records included
- free trials

The **Momentum Press** digital library is very affordable, with no obligation to buy in future years.

For more information, please visit **www.momentumpress.net/library** or to set up a trial in the US,
please contact **mpsales@globalepress.com**.

CPSIA information can be obtained
at www.ICGtesting.com
Printed in the USA
LVHW012235011121
702175LV00003B/108